AF667442

Yvette Deloison

Die Urgeschichte eines Fußgängers
Der Ursprung des Menschen basierend auf einer vergleichenden Anatomie der Hominidae oder Studien über die Ursprünge der menschlichen Bipedie

Yvette Deloison

Die Urgeschichte eines Fußgängers

Der Ursprung des Menschen basierend auf einer vergleichenden Anatomie der Hominidae oder Studien über die Ursprünge der menschlichen Bipedie

Rediroma-Verlag

Bibliografische Information der Deutschen Nationalbibliothek:
Die Deutsche Nationalbibliothek verzeichnet diese Publikation in der Deutschen Nationalbibliografie; detaillierte bibliografische Daten sind im Internet über http://dnb.ddb.de abrufbar.

ISBN 978-3-96103-498-7

Aus dem Französischen übersetzt von Udo Beckmann
Originalauflage: préhistoire du piéton

www.rediroma-verlag.de
15,00 Euro

Meinem Ehemann Etienne Deloison †
An Solange, Olivier und Lisa
An meine Mutter

Liebe, Nächstenliebe bleiben trotz der Geringschätzung, in der man sie hält, die einzigen Eigenschaften, die dem Menschen helfen eine Zukunft aufzubauen, in der er weder besiegt noch Sklave sein wird.

Pierre-Paul Grassé

Unterteilung der geologischen Zeitalter

Zeitalter	Millionen Jahre	Systeme
Quartär	1,9	Holozän Pleistozän
Tertiär	2,5 bis 65	Pliozän Miozän Oligozän Eozän Paläozän
Mesozoikum (Erdmittelalter)	65 bis 245	Kreide Jura Trias
Paläozoikum (Erdaltertum)	290 360 400 420 500 570	Perm Karbon Devon Silur Ordovizium Kambrium
		Präkambrium

Klassifizierung der Primaten[1]

Unterordnung der Halbaffen (Lemuren, Galagos, Loridae, Tarsiidae.....)

Unterordnung der Anthropoiden, Infra-Ordnung von:

- Platyrrhini (mit breiten Nasenlöchern):
- Kapuzineraffen, Brüllaffen, Ateles, Marmosetten
- Catarrhini (Schmalnasenaffen):
- Super-Familie von:
- Cercopithecidae (Cercopithecus, Paviane, Makaken....)
- Hominoidae: drei Familien

1 – Hylobatidae: Hylobaten (Gibbon und Siamang)
2 – Pongidae: drei Gattungen:
Pongo (Orang-Utan)
Gorilla (Gorilla)
Pan (Schimpansen und Bonobo)
3 – Hominiden: zwei Arten:
Australopithecus und Homo

(Der Text, der in diesem Buch folgt, handelt nur von in fett vermerkten Primaten.)

---

[1] Das Wort Primat bedeutet «die Ersten»: Carl von Linné stellte den Menschen (mit den Affen und Fledermäusen) an der Spitze der Tiere, also als allererstes Tier. Im Jahr 1758 schuf er die Ordnung der Primaten. Seine Klassifizierung wird immer noch als Grundlage verwendet, aber in mehr oder weniger modifizierter Form.

Übersichtstabelle der fossilen Hominiden

Jahr der Entdeckung in Klammern

7.000.000 – Jahre	Sahelanthropus tchadensis (2001)
6.000.000	Orrorin tugenensis (2000)
4.000.000	Australopithecus anamensis (1994)
3.500.000	Australopithecus africanus (1924, 1947, und 1995) und Australopithecus bahrel gazali (1996)
3.000.000	Australopithecus afarensis (1978) ±
2.000.000	Homo habilis (1964) und Australopithe cus robustus (1959)
1.500.000	Homo erectus (1891)
1.000.000	Aussterben der letzten Australopithecinen (Australopithecus robustus)
500.000	Homo sapiens
200.000	Homo Neanderthalensis (1856)
100.000	Anatomisch moderner Mensch (Homo sapiens sapiens) (1868)

Kapitel 1

Rückblick[2]

Dezember 1989 befand ich mich in England. Schon am Flughafen hatte ich einen Zug genommen und stieg dann in einen kleinen Bahnhof aus wo Ron Clarke und seine Frau auf mich warteten. Wir fuhren dann gemeinsam durch die Landschaft der Berkshire zu ihrem Haus. Die englischen Landschaften und kleinen Dörfer, speziell die der Berkshire sind ein Entzücken für die Augen. Wie auf Weihnachtskarten sieht man Schafe auf Wiesen von weissen Holzeinzäunungen umgeben und entzückende Häuser mit Schilfdächern. Fast könnte man meinen, eine Postkutsche würde kommen. Ron Clarke stammt aus dieser Gegend wo er ein Haus besitzt und dort seine Ferien verbringt und seine Familie wiedersieht. Ron hatte damals an der Freilegung von fossilen Fußabdrücken teilgenommen, die 1978 in Laetoli, Tansania, entdeckt wurden. Dank der vulkanischen Qualität des Geländes wurden sie auf 3,5 Millionen Jahren datiert. Ron hatte sie vor Ort abgeformt und ich war gekommen, um diese Gipsabdrücke aus erster Hand zu studieren.

---

[2] Seit 2004, dem Jahr der ersten Veröffentlichung dieses Buches, gibt es keine neue Entdeckung von Hominiden, die meine Hypothese über den Ursprung des Menschen entkräften könnte. Dementsprechend, finde ich es nicht nützlich meinen Text mit Beschreibungen neuer Entdeckungen zu belasten welche meine Rückschlüsse in keiner Weise verändern über den zweibeinigen Vorfahr, *Protohominoides bipes*, welcher der Ursprung des Menschen und der nicht-menschlichen Hominoiden ist.

Ich hatte diesen britischen Anthropologen Ron Clarke 1985 in Johannesburg kennen gelernt als ich mich damals im Auftrag einer Dienstreise im Anatomie-Labor der Johannesburger Medical School befand. Ich war dort um die fossilen Knochen von Füßen zu untersuchen welche hauptsächlich aus Sterkfontein stammten, wo Ron Clarke die Ausgrabungen leitet. Sterkfontein, ein Standort, etwa 30 Km von Johannesburg entfernt. Seitdem hatten wir uns befreundet und ich sah sie oft, ihn und auch seine Frau, die vorgeschichtliche amerikanische Kathy Kuman-Clarke, und zwar in Sud-Afrika wo Ron den größten Teil des Jahres verbringt wie aber auch in Paris wo das Paar auf dem Rückweg nach England oder New-York hält. Wissend, daß ich nach England kam um die Gipsabdrücke zu studieren, die er aus Laetolis Spuren gemacht hatte, hatte Ron sie ausgepackt und auf den Boden meines Zimmers gelegt in dem ich wohnte.

Als ich eintrat, war mein erster Reflex zu bemerken, dass die Lebewesen, die diese Spuren hinterlassen hatten, offensichtlich wirklich auf zwei Füßen gegangen waren. Aber bei näherer Betrachtung stellte ich fest, dass die Form der Abdrücke anders war als bei den Menschen. Die Abdrücke die ich beobachtete, waren in Form von zwei dunkel gefärbten Fiberglasplatten. Auf jeder Platte waren drei Abdrücke sichtbar. Wenn sie verbunden waren, konnte man zwei Spuren beobachten, eine von drei ziemlich großen deformierten Fußstapfen und eine von drei kleinen sehr deutlichen Fußstapfen. Schon gleich die erste Nacht wachte ich auf mit dem Bedürfnis diese Abdrücke näher zu betrachten, denn ganz eindeutig waren hier Lebewesen auf zwei Beinen gegangen. Mittels meiner Taschenlampe

untersuchte ich diese Abdrücke. Waren diese Lebewesen welche diese Spuren hinterlassen hatten Menschen, Menschenaffen oder Australopithecinen?
Die permanente Fortbewegung des Menschens ist die sogenannte Bipedie (Zweibeinigkeit), aber eine nur ihm eigene Bipedie, die sich von den Tieren unterscheidet die ihn benutzen, seien es die großen Menschenaffen oder selbstverständlich Vögel.

Die in diesem Buch erwähnte Bipedie stammt von den zwei lateinischen Worten: *bis pes* was soviel wie «zwei Füße haben» bedeutet. Zweifüßler bewegen sich immer auf den hinteren Gliedern oder Extremitäten.

Seit einigen Jahrzehnten las und hörte man häufig, dass dank der Bipedie die Hand befreit wurde was ein besseres Benutzen von Werkzeugen gestattete sowie auch eine Weiterentwicklung des Gehirns. Und so enstand der Mensch. Mit anderen Worten, der Vorfahr des Menschen, mutmaßlich einem Vierbeiner ähnlich, hätte sich vom vierfüßigen zum aufrechten zweifüßigen Gang entwickelt. Die somit frei verfügbaren Hände hätten für ander Aufgaben als die Fortbewegung gedient, zum Beispiel um Werkzeuge herzustellen. Diese neuen Aufgaben hätten dazu beigetragen, sein kleines Gehirn zu entwicklen, seine psychischen Fähigkeiten anzuregen und somit auch das Vergrößern der Schädelkalotte. Diese Entwicklung der Intelligenz hätte schließlich zum Menschen geführt. Bis zum achtzehnten Jahrhundert wurde der Mensch als einziges intelligente Wesen betrachtet. Heute hat sich das geändert da man auch Tieren unterschiedliche Formen von Intelligenz zuordnet.

Der Ursprung von diesem Vorfahr der menschlichen Abstammung ist immer noch Gegenstand vieler Diskussionen und auch immer noch nicht geklärt. Am Ende des Buches werde ich eine Hypothese vorschlagen.
Auch ich habe sehr lange an diesen erwähnten Prozess der Menschwerdung geglaubt. Trotzdem blieb ich ratlos.
Vor der Untersuchung der Fußspuren in Laetoli hatte ich - parallel mit meiner Tätigkeit im Schuldienst - Kurse auf dem Gebiet der Naturwissenschaft bis zum Mastergrad absolviert. Anschließend trat ich bei Professor Alex Coblentz an der medizinischen Fakultät in Paris V ein. Dort erlernte ich die praktische sowie theoretische Ausbildung auf dem Gebiet der Anthropologie, nahm mein Studium wieder auf und erwarb einen Abschluss in Anthropologie. Anschließend absolvierte ich dann später meine Doktorarbeit auf diesem Gebiet. Das Thema war die menschliche Hand und genauer gesagt ihr Wachstum, indem ich den Unterschied zwischen Jungen und Mädchen in dem so wichtigen Pubertätsalter verglich. Ich hatte die Hand gewählt, weil ich damals glaubte, sie sei ein sehr wichtiges Element des Menschen.

Aber nach dieser Doktorarbeit stellte ich fest, dass auch wenn zwar die Hand eine typisch menschliche ist, sie mehr vom Gehirn gesteuert wird und ihre generelle Anatomie allein in ihrer allgemeinen Struktur eher relativ primitiv geblieben war. Demzufolge hatte ich also die Hand während meinen Untersuchungen über die Abstammung des Menschen ausgeschlossen. Unsere Hand hat eine strahlende Symmetrie wobei die Finger die Speichen bilden. Ihre knochige und muskuläre Anatomie, sehr ähnlich denen der ersten Primaten ist praktisch seit 70 Millionen Jahren unverändert, auch wenn ihre Empfindlichkeit und die Unabhängigkeit ihrer Bestandteile denen der Tierhände überlegen sind. Ich entschied mich dann dem Fuß zu widmen, obwohl dieser Fuß über wenigere Bewegungsmöglichkeiten verfügt, dafür aber eine ganz spezielle einmalige ureigene menschliche Anatomie besitzt welche ausschließlich für die Bipedie bestimmt ist.

Es ist unmöglich, die Fortbewegung eines Lebewesens zu bestimmen wenn man keine Kenntnisse über die Anatomie seines Fußes besitzt. Auch wenn man nicht in der Lage ist, mit Genauigkeit festzulegen auf welche Art und Weise er sich seines Fußes bediente, so kann man aber die Funktionen ausschließen, die seine Anatomie ihm verbot.

Um es besser zu verstehen, habe ich versucht, ein neues Licht auf diese spannende Suche der ersten Schritte der Menschheit zu werfen. Die zweifüßige Fortbewegung oder Bipedie wurde somit meine Hauptbeschäftigung. Als ich mit meiner Arbeit was die Fortbewegung von Australopithecinen betraf anfing, hatte man schon drei Hauptgruppen definiert: die grazilen Australopithecinen oder *Australopithecinen africanus*, die robusten Australopithecinen (*Australopithecus robustus oder Paranthropus*) und eine primitivere Art die auch vielleicht als Ursprung der beiden vorherigen betrachtet werden kann, *Australopithecus afarensis*.

Die berühmte Lucy sowie andere zeitgenössische Fossilien

welche aus dem gleichen Gelände in Äthiopien stammen wären auch die der *Australopithecus afarensis* Art. Diese Altersstufe ist auch der Grund weshalb man die Spezies von Lucy Voraustralopithecus nennt. Dieser Australopithecus, der zu einem berühmten Medienstar wurde, wurde den 30 November 1974 im Omo-Tal, in Äthiopien von Yves Coppens, Maurice Taieb und Donald Johanson welche die internationale Afar- Forschungsexpedition leiteten auf dem Hadar Gelände entdeckt. Er wird durch 52 Skelettknochen desselben Individiuums repräsentiert und auf 3,2 Millionen Jahren datiert. Sein Spitzname ist einfach ein Beatles-Lied, *Lucy in the sky with Diamonds*, welches das Team abends im Radio auf dem Boden der Grabungen hörte....

Im Enthousiasmus der Entdeckung dieses ersten Skeletts dessen anatomische Merkmale zwar unterschiedlich aber auch gleichzeitig denen der großen Primaten nahe waren, glaubte man, dass diese Spezies der Ursprung der menschlichen Linie sein könnte. Seitdem haben andere fossile Überreste von Australopithecinen mit moderneren Merkmalen die Theorie über unserer Herkunft verändert. Das werden wir in diesem Buch sehen.

Also vor circa zwanzig Jahren sollte die Hominisierung durch die Transformation von drei Elementen stattgefunden haben, welche spezifisch für den Menschen betrachtet wurden: Das Gehirn, die Hand und der Fuß.

Im Jahr 1980 verließ ich die medizinische Fakultät und trat in das nationale Museum für Naturgeschichte, Abteilung

Labor für biologische Anthropologie unter der Leitung von Professor Yves Coppens ein. Dort bestand meine Aufgabe mich der Forschung der Fortbewegung der Australopithecinen zu widmen, ausgehend von den fossilen Knochen ihrer Füße.

Nach einer überraschend reichen bibliographischen Suche, (viele Forscher – T.H. Huxley, G. Mivart, Wood Jones, Gregory....– haben sich seit dem 19. Jahrhundert und besonders im 20. Jahrhundert für dieses Thema interessiert, vor allem in Europa, aber auch in den USA und jetzt in Australien), ging ich zur anatomischen Untersuchung des Fußes über die ich auf Präparationen von Menschen und Menschenaffen gründete. Ich benutzte dann die leistungsfähigsten technischen Mittel, wie Röntgen, Röntgen Scanner und MRT, um die Beziehungen in den Oberflächen, Volumina, Proportionen und Orientierungen der Bestandteile des menschlichen Fußes, aber auch die des Schimpansen und des Gorillas zu untersuchen.

Gleichzeitig sammelte ich von 1981 bis 1999 in den Labors für Anthropologie, Paläontologie und vergleichender Anatomie in London, Zürich und Paris rund 25.000 biometrische Daten über die Fußskeletten von 355 Primaten aus Südamerika, Afrika und Asien. Diese biometrischen Werte bestanden aus Messungen von Länge, Breite und Umfang, sowohl des Fußskeletts in seiner Gesamtheit als auch der Elemente aus denen es besteht: die Knochen von Tarsus, Metatarsus und Zehen.

Die statische Analyse dieser Daten gab mir interessante

Einblicke in die Bedeutung der Proportionen von Fuß und Unterkörper bei der Geschlechtsbestimmung. Versehen mit Wissen über aktuelle Primaten reiste ich in verschiedene Länder (Schweiz, Großbritannien, USA, Kenia und Südafrika) um eine maximale Anzahl an fossilen Fußknochen zu untersuchen welche zwischen ein und dreieinhalb Millionen Jahre alt waren. Bereits seit den ersten Analysen der Fersenknochen der Australopithecinen aus Hadar, in Äthiopien, genau auf dem Gelände wo die berühmte Lucy gefunden wurde, fand ich, dass diese Art von Australopithecus nicht Teil unserer direkten Linie sein konnte. Tatsächlich zeigt sie Spezialisierunsmerkmale für eine Fortbewegung in Bäumen welche denen des Schimpansen sehr nahe kommen. Die Spezialisierung des Fußes in Bäumen unterscheidet sich von der zweibeinigen Fortbewegung auf dem Boden des Menschen. Wir befinden uns also in Anwesenheit von zwei Formen der Spezialisierung. Nun besagt aber das Gesetz der Irreversibilität der Evolution, das fundamentale Gesetz der Anatomie, (Dollo Gesetz), dass es einem Organismus nicht möglich ist, sich in Richtung seiner angestammten bzw. ursprünglichen Morphologie zurückzubilden. Ein in eine Richtung spezialisiertes Organ kann also nicht von einem Organ abstammen welches sich in eine andere Richtung spezialisiert hat. Es kann sich entweder stabilisieren oder in der gleichen Richtung fortfahren, aber keinesfalls zurückgehen; Zum Beispiel das Pferd, dessen Vorfahren mehrer Zehen hatten, die während seiner Evolution verschwanden, wird letztere nicht wiederfinden.
So ist der Australopithecus in eine Richtung spezialisiert,

die Fortbewegung mit Greiffüßen[3] und der Mensch in eine andere mit permanenter zweibeiniger Fortbewegung. Sie können also nicht von einander abstammen. Daher wird es notwendig sein, anderswo nach unseren Vorfahren zu suchen.

1996 reiste ich nach Johannesburg und Pretoria, um meine Fußfossilknochenstudien zu vervollständigen. Ron Clarke, der am Labor für Anatomie der Universität von Johannesburg arbeitete, war immer noch Direktor des Standorts Sterkfontein. Auf diesem Gelände wurde 1947 der erste fast vollständige erwachsene Schädel des Australopithecus gefunden. Er ist unter den Namen « Mrs Ples» (Spitzname, der auf seinen wissenschaftlichen Namen Plesianthropus anspielt) bekannt. Dieser Schädel wurde der Art Australopithecus zugeschrieben. Ron hatte mich eingeladen, die Knochen zu untersuchen, welche er seit meiner ersten Reise 1985 gesammelt hatte, sowie die ersten vier Fußknochen des fossilen Skeletts «Little Foot» genannt (Inventarnummer StW 573). Dieser Name, welcher «kleiner Fuß» bedeutet, bezieht sich auf seine retativ begrenzte Länge (ich schätze sie auf etwa 19 cm) ist ein witziger Wink zum «Bigfoot» oder «Sasquatch», ein mythischer nordamerikanischer cousin des berühmten Yeti der hohen Bergen Asiens welcher riesige Fußabdrücke von 45 cm Länge hinterlassen haben soll.

Ron Clarke fand die ersten Knochen von «Little Foot»

[3] greifbar: wer in der Lage ist, etwas zu erfassen. Was Affenprimaten betrifft, geht es darum, die Äste mit den Händen und Füßen zu ergreifen oder mit dem Schwanz zu umwickeln

während er auf der Suche nach falsch sortierten Australopithecinen Knochen war, welche sich in Kisten befanden wo fossile Tierknochen aus Sterkfontein rangiert waren. Gut inspiriert, entdeckte er sie gemischt mit Hirsch-und Affenknochen von denen es viele auf diesem Gelände gab. Während er seine Untersuchungen über diese alten Überreste fortsetzte, fand er eine Basis des linken Schienbeins und dann des linken Wadenbeins von diesem Hominiden. Das Stück Schienbein präsentierte eine vor kurzem stattgefundene Bruchstelle. Er vertraute den Gipsabdruck seinen Ausgräbern auf dem Gelände an und bat sie dann, in der Höhle nach zu diesem Bruchstück passenden Teil zu suchen. In weniger als zwei Tagen, beleuchtet von einer Taschenlampe, entdeckten sie in einer 15 Meter tiefen Wand der Höhle die Bruchstelle vom Schienbein welche genau das Stück ergänzte. Von dort an löste Ron Clarke das linke Schienbein, dann daneben das linke Wadenbein und nach und nach die Oberschenkelknochen, die anderen Glieder und letztendlich den ganzen Kopf mit allen Zähnen. Sie sind immer noch in einem so gutem Zustand, dass ihr von einer Fackel erhellter Zahnschmelz immer noch leuchtet!

Seitdem geht das Freilegen weiter, aber es erfordert viel Vorsicht und Zeit, denn der fossile Knochen hat die gleiche Farbe und Härte wie die Gangmasse die ihn enthält, und das Risiko, das Fossil zu beschädigen ist groß. Clarke muss Millimeter für Millimeter vorgehen. Zur Zeit bleibt nur noch die Wirbelsäule von dem bis heute spektakulärsten fossilen Skelett des Australopithecus zu finden den es bis heute gibt. Es ist bereits bekannt, dass «Littel Foot», welcher vor 3,35 Millionen Jahren lebte, ungefähr ein Meter maß. In dieser Höhle, die buchstäblich mit Resten von versteinerten Tieren «gefüllt» ist, liegen die Knochen von «Little Foot» nicht verstreut, wie es oft der Fall ist, aber praktisch in Verbindung und ihre Erhaltung ist bemerkenswert. Es gibt kein anderes Fossil in einem Radius von zwei Metern um ihn herum. Er liegt auf dem Bauch, seine Arme entlang dem Körper und sein Kopf ruht auf der rechten Seite. Anscheinend kam kein Tier an dieser besagten Stelle vorbei mit dem Risiko die Knochen zu zerstreuen. Die Umstände die es möglich gemacht haben, ihn in derselben Lage zu erhalten, sowie die Gründe seines Todes bleiben unbekannt. Diese Abgelegenheit muss zugunsten seines Schutzes beigetragen haben.

Im Dezember 1998 kehrte ich nach Sterkfontein zurück, wo ich neben den acht neuen Fußknochen desselben Einzelwesens das gesamte Skelett fast vollständig in der Höhle sah, in welcher es untergebracht war. Während dieser Reise ehrte mich Ron, indem er mir die Untersuchung der Füße dieses außergewöhnlichen Fossils anvertraute.

Im Januar zurück in Paris, habe ich meine Mission in Südafrika anhand der Dokumente überprüft: Fotos, Zeichnungen, Maße und Notizen zum Skelett von «Little Foot». Die Anatomie des Fußes von diesem Wesen zeigte eindeutig Merkmale, die an ein mögliches Greifen angepasst waren, also eine Baumspezialisierung, wie ich sie bereits bei den Schimpansen beobachten konnte.
Ich kam zu dem Schluss, dass dieser Australopithecus nicht in der Art eines Menschen zweibeinig sein konnte. Ich las dann einen Artikel von Maeve Leakey und ihren Kollegen,

der 1995 in der Zeitschrift *Nature* veröffentlicht wurde und in dem sie das Schienbein eines über 4 Millionen Jahre alten *Australopithecus anamensis* vorstellte welches sie in Nordkenia entdeckt hatte. Sie interpretierte es als zu einem zweibeinigen Wesen gehörend.

Ein Auslöser fand in meinem Kopf statt. War es für ein Wesen, das älter als Sterkfonteins Skelett war, möglich zweibeinig gewesen zu sein, wo ich doch «Little Foot» als Baumbewohner betrachtete? Wie konnte es sein, dass dieser Hominide (Menschenaffe), der älter war als die von mir untersuchten und die mehr Baumbewohner als zweibeinig waren, perfekt zweibeinig hätte sein können? Und wenn die Bipedie den Vierfüßlern der Menschenaffen voraus gegangen war?

Von diesem Moment an wollte ich prüfen, daß diese Hypothese «Hand und Fuß hatte». Je mehr ich voranschritt, desto mehr behauptete sie sich. Dieses Fossil brachte mich auf die Spur, dass die zweibeinige Fortbewegung bei den Vorfahren der Primaten uralt sein konnte, eine Annahme, von der ich glaube, dass sie der Wahrheit am nächsten steht.

Wir wissen, daß die Morphologie eines Knochens das Ergebnis seiner Geschichte ist, die Folge seiner Verwendung im Laufe der Zeit, seit das Tier existiert. Die Beobachtung der Knochen und die Kenntnis über die Anatomie und ihre Gesetze sind eine wertvolle Hilfe, fast die einzige, die diese Vergangenheit entschlüsseln kann. Gewiss, die Untersuchung der Umwelt dieser Spuren bringt interessante und zusätzliche Informationen, die aber allein nicht ausreichen, um einen Knochen zu analysieren und ihm eine Zuschreibung in der Klassifikation von Lebewesen zu geben. Was mir erlaubt hat zu dieser neuen Annahme was die Fortbewegung der großen Primaten betraf, war meine neue Denkweise bezüglich der fossilen Knochen und die Umkehrung meiner bisherigen Ideen sowie auch die meiner üblichen Argumentierung.

Wir kennen derzeit kein Fossil, welches diese Hypoyhese entkräften könnte, vielleicht existiert es nicht, vielleicht ist es in einer Schublade mit anderen Knochen, wie es bei den vier Knochen von «Little Foot» war»? Dennoch lassen genügend Argumente, insbesondre anatomischer Natur es demonstrieren und unterstützen. Dies ist die Absicht dieses Buches.

Kapitel 2

Fortbewegung der Tiere: Von der Miesmuschel bis zum Australopithecus

Der Fußgänger ist ein Mensch, der sich auf beiden Beinen aufrecht bewegt. Er ist zweibeinig. Oft wird diese Eigenschaft ausschließlich als menschlich betrachtet, wobei dies nicht der Fall ist. Seit das Leben auf der Erde erschien, wurden viele Arten der Fortbewegung erprobt, darunter verschiedene Arten von zweibeinigen Fortbewegungen, um nur Vögel und Dinosaurier zu nennen.

Im Allgemeinen unterscheiden sich die Fortbewegungsarten davon, ob ein Tier im Wasser oder in der Luft, auf dem Boden oder in den Bäumen lebt. Luft und Wasser sind Flüssigkeiten unterschiedlicher Dichte. Sie benötigen Anpassungen, um sich in ihnen zu bewegen.

Im Wasser bewegen sich Weichtiere entweder durch die geschmeidige Bewegungen ihres weichen Körpers voran, wie der Krake, oder durch ihre Ventile wie Miesmuscheln oder Austern; Insekten oder Krustentiere (wie Krabben oder Garnele) verwenden ihre artikulierbaren Beine, daher auch ihr Name Arthropoden. Die Fische werden durch ihre Flossen und wellenförmigen Bewegungen in einer horizontalen Ebene fortbewegt deren Schwingungsweite zunimmt, je mehr sie sich vor und zurück ausbreiten; Der ganze Körper ist beim Schwimmen aktif. Meeressäugetiere wallen gemäß einer mehr oder weniger vertikalen Ebene, sie schwimmen oder lassen sich treiben. Der Schwanz der als Antrieb dient, schlägt auf und ab. Diese Tiere benutzen ihre vorderen Flossen wie Ruder, der Körper bleibt relativ starr.

Wenn ein Vogel nicht fliegt, landet er und bewegt sich auf beiden Vogelfüßen. Er ist dann zweibeinig, aber von einer anderen Bipedie als die des Menschen. Wir gehen auf beiden Füßen und hinterlassen auf dem Boden, weich wie zum Beispiel Sand, Abdrücke, die man unmöglich mit denen eines Vogels verwechseln kann, sei er so klein wie ein Spatz oder eine Taube oder groß wie ein Strauß. Der Fußabdruck eines Vogels zeigt zwei oder drei Zehen nach vorne und bei einigen einen Zeh nach hinten. Die Gruppe piciformer Klettervögel, von denen der Specht ein Beispiel ist, hat vier Vogelzehen, zwei vorne und zwei hinten. Die Gesetze der Schwerkraft gelten in gleicher Weise für Vogel und Mensch. Beide fallen auf den Boden, wenn sie ihr Gleichgewicht verlieren. Um es zu bewahren, muss der Schwerpunkt[4] jedes Tieres sich in die Oberfläche eines Tragwerkes[5] abzeichnen.

Die Mehrheit der auf dem Boden lebenden Wirbeltiere sind Vierfüßler. Temporäre Zweifüßler schließen anthropomorphe (menschliche Eigenschaften) Affen ein: gemeiner Schimpanse, Bonobo, Gorilla und Orang-Utan. Letztere sind in der Lage, einige Schritte auf ihren Hinterbeinen zu machen und richten sich besonders während den Ein-

---

[4] Theoretischer Punkt, der den Ansetzpunkt der resultierenden Kräfte darstellt, die durch die Schwerkraft auf die verschiedenen Teile eines Körpers ausgeübt werden.

[5] Bodenfläche umschrieben von den auf dem Boden ruhenden Füßen.

schüchterungs-Paraden auf. Der Bär richtet sich auch gelegentlich auf. Eine andere Art, sich auf dem Boden fortzubewegen ist das Springen, wie beim Indri, dem großen fruchtfressenden Lemur von Madagaskar, oder die Wüstenspringmaus, ein Nagetier der Steppen in Afrika und Asien, was wie ein kleines Känguru aussieht. Die Kängurus hüpfen auf ihren Hinterbeinen mit einer Ausgeglichenheit die an gewisse Dinosaurier erinnert wobei der Schwanz wie ein Schwengel dient. Die Kragenechse in Australien kann die Bipedie-Position annehmen um auf kurze Strecken zu laufen.

Aber wer ist der Erfinder der Bipedie oder Zweibeinigkeit? Wirbeltiere behaupten, die Ersten zu sein. Die Bipedie mag schon früher bestanden haben, aber da kein Patent angemeldet wurde, muß man sie den Wirbeltieren gutschreiben.

Wann war sie entstanden? Um diese Frage zu beantworten, betrachten wir wieder die Geschichte der Tiere seit den ersten geologischen Zeiten. Fische, die ersten Wirbeltiere, erschienen im Primärzeitalter (Paläzoikum). Keiner von ihnen ist dafür bekannt, dass er seit 600 Millionen Jahren in dieser Tierklasse zweibeinig gewesen war. Gewiss, ein gegenwärtiger Fisch, der Hippokampus, bewegt sich gemäß einer vertikalen Position, aber es handelt sich hier auf keinen Fall um eine Bipedie.

Bei den Amphibien, welche eigentlich nach den Fischen erschienen, ist auch keine Bipedie zu finden. Und kein Fossil beweist, daß sie je existierte. Die Froschlurche, also die schwanzlosen Amphibien deren der Frosch ein gut bekanntes Beispiel ist, schwimmen wie der Mensch oder springen auf dem Boden. Die Schwanzlurche, Amphibien mit einem dauerhaften Schwanz wie zum Beispiel der Salamander, kriechen und schwimmen.

Dann kommen die Reptilien. Unter diesen wurde eine kleine zweibeinige Eidechse, *Eudibamus cursoris* (Abb.1), 290 Millionen Jahre alt (Anfang der letzten Perm Periode), im Jahr 2000 entdeckt. Ihre Hinterbeine waren so geformt, dass sie sich in einer Ebene parallel zur Körperachse bewegten, wie beim Menschen, aber nur seine Zehen ruhten auf dem Boden, was sie als Digitigrad oder Zehengänger und nicht als Plantigrad (den ganzen Fuß flach auf den Boden) einstuft.

Abb. 1 – Eudibamus cursoris

Dieses Fossil, äußerst seltener Zeuge für diesen Zeitraum, erlaubt es uns zu behaupten, daß die Bipedie mindestens seit dem Primärzeitalter praktiziert wurde. Somit ist es auch nicht verwunderlich, dass an Bipedie aus dem sekundären Zeitalter noch mehr fortbesteht. Betrachten wir in der Klasse der Reptilien die Untergruppe der Archosaurier (aus dem griechischen «primitive Saurier») und betrachten wir ihre Pfoten. Die Saurier sind primitive Reptilien, die der Eidechse ähneln. Unter ihnen erscheinen einige aufgerichtet im Perm. Man nennt sie Thecodontier (vom griechischen «Zähne mit Alveole»). Aus dieser Untergruppe stammen vier Ordnungen unter denen die berühmten Dinosaurier. Zusätzlich zu ihrer in einigen Fällen sehr gewaltigen Größe, unterschieden sich die ersten Dinosaurier von den gegenwärtigen Eidechsen durch ihre viel längeren Hinterbeine als Vorderbeine. Viele von ihnene waren Zweibeiner. Es scheint, daß ihrer Glieder eher wie Säulen als Hebel funktionierten. Die ersten primitiven Reptilien, die Thecodonten, hatten eine vage Ähnlichkeit mit den Kängurus: lange Hinterbeine, kurze Vorderpfoten und einen langen, kräftigen Schwanz der als Gegengewicht diente, so daß der Schwerpunkt mit dem Becken zusammenfiel. Das Tier konnte aud seinen Hinterbeinen stehen und bewegte sich, wie es scheint, nicht durch Springen wie Kängurus, sondern durch Laufen und Gehen. Wenn es rannte, war der Körper höchst wahrscheinlich fast waagerecht, ausgeglichen durch den Schwanz, den es in der Luft hielt und welcher leicht seitlich oszillierte. Im Ruhezustand trug das Tier das Gewicht des Körpers nach hinten und seine Hinterbeine und sein Schwanz stützten es, wodurch es eine Stativposition erreichte. Alle folgenden Archosaurier oder Reptilien scheinen sich aus dieser Gruppe der Theocodonten entwickelt zu haben und aus denen die folgenden vier Ordnungen hervorgingen:

1. Der Tyrannosaurus repräsentiert den fleischfressenden Typ mit langen Hinterbeinen mehr oder wenir zum Laufen geeignet und kurzen Vordergliedern, die mit sehr starken Klauen endeten um Beute zu fassen und zu zerreißen. Mit einem Becken, welches auch dem der Eidechse ähnelte, wird der Diplodocus oft als der Prototyp des Dinosauriers mit einem massiven Körper welcher durch einen langen Hals und auch einen langen Schwanz dargestellt. Die Unterordnung, zu welcher der Diplodocus gehöhrt, währe pflanzenfressend gewesen und konnte bis 27 Meter lang werden. Diese Dinosaurier waren entweder zwei-oder vierbeinig. Alle oben beschriebenen Dinosaurier bilden die Ordnung der Saurischia, also der Reptilien mit «Echsenbecken».
2. Unter den Dinosauriern avipelvis (aus dem Griechischen: mit einem Vogelbecken), die aus diesem Grund die Ornithischianer genannt werden, wäre der Iguanodon ein vegetarisches und zweibeiniges Beispiel. Andere Arten der gleichen Gruppe waren Vierbeiner wie die Stegosaurier und die gehörnten Dinosaurier.
3. Eine dritte Ordnung stellen fliegende Reptilien dar, die Pterosaurier, deren Spannweite beim größten, *Quetzalcoatlus*, zwölf Meter betrug, also die eines Sportflugzeugs. Es wurde damals angenommen, dass es sich bei den fliegenden Tieren um Zweifüßer wie Vögel handeln musste, aber die Autoren neuer Studien und Computermodelle, welche in den letzten Jahren durchgeführt wurden, beschreiben sie eher als sehr sonderbare Vierbeiner die mit Hilfe

ihrer wie ein Regenschirm gefalten Flügeln sich auf den Boden abstützten.

4. Die vierte Gruppe besteht aus Krokodilen, alle Vierfüßler, sowohl in den Fossiliensammlungen als auch heute in der Natur.

Laut den Ideen von Thomas Huxley im Jahr 1870, würde die Klasse der Vögel von den Reptilien stammen. Einer glänzenden Zukunft bestimmt, soll diese Gruppe die von angeblich unbekannten Archosaurier Reptilien stammt, eine Form der kontinuierlichen Bipedie seit dem Jura (vor 150 Millionen Jahren) bis heute angenommen haben. Angesichts der vielen Fossilien die das Vorhandensein der Bipedie bei Reptilien illustrieren, kann man davon ausgehen, dass das zweibeinige Gehen der Vögel ihrer Anpassung an den Flug vorausging. Der Prozess der Reduzierung ihrer Vorderglieder bleibt schwierig zu erklären. Die Knochenstruktur des Beckensglieds (hintere Glied) des Vogels unterscheidet sich sehr von der eines typischen vierbeinigen Tetrapoden (griechisch: «mit vier Füßen»). Beim Vogel sind alle Wirbel mit Ausnahme der Halswirbeln mit dem Keuzbein[6] verschweißt und dieses wiederum mit den Iliakenflügeln. Zu diesen Eigenschaften kommt die Reduktion und manchmal das Fehlen des Schwanzes, die Verkürzung des Rumpfes und besondere Merkmale der Hinterbeine hinzu welche unterhalb des Schwerpunktes liegen. Der Schenkel, immer kürzer als das Schienbein, ist durch eine

[6] Das Kreuzbein est der Knochen, der durch das Verschweißen von fünf sogenannten heiligen Wirbeln gebildet wird. Es artikuliert sich an den Seiten mit den Knochen oder Ilica Flügeln, oben mit den Lendenwirbeln und unten mit dem Steißbein.

kräftige Muskulatur verstaut und eng mit dem Beckengürtel[7] verbunden. Er ist nach vorne gerichtet während unser menschlicher Oberschenkelknochen fast senkrecht verläuft. Der Rest der Gelenkkette, deren Segmente mehr oder weniger lang sind, kann sich ausrichten. Die Pinguine, die sich aufrecht mit ihren Flossen bewegen welche seitlich wie Ausleger ausgestreckt sind, sind indessen eine Illustration.

Eine neue Hypothese über den Ursprung der Vögel war in den achtziger Jahren entstanden. Die Paläontologen G. Gaffney vom American Museum of Natural History in New-York und B. Gardiner vom Queen Elisabeth College in London hatten einen gemeinsamen Ursprung zwischen Vögeln und Säugetiere vorgeschlagen. Der Erste basierte sich auf paläontogischen Kriterien und der Zweite fügte noch biochemische und physiologische Merkmale hinzu, die in den weichen Teilen wie Kleinhirn, Bauchspeicheldrüse oder Nieren oder Homoiothermie[8] nachgewiesen wurden. Diese Hypothese wird von einigen abgelehnt. Der Ursprung der Vögel ist bis heute unbekannt. Ich werde mich darüber nicht äußern, weil keine Expertin auf diesem Gebiet.

Was die Säugetiere anbelangt, so stammen die entdeckten Fossilien zu Beginn der Juraperiode (Mesozoikum Ära). Dieses Altertum wurde von den Franzosen Marcellin

---

[7] Er besteht aus dem Kreuzbein und den beiden Iliakalflügeln

[8] Zustand der Lebewesen, sogenannte «Warmblüter», deren Temperatur konstant bleibt, unabhängig von der Umgebung.

Boule, Jean Piveteau oder Pierre-Paul Grassé unterstrichen. Marcellin Boule (1861-1942) war der Gründer des Institus für menschliche Paläontologie. Jean Piveteau (1899-1991), Paläontologe, veröffentlichte eine wichtige Abhandlung über Paläontologie. Was Pierre-Paul Grassé (1895-1985) betrifft, Biologe, zehn Jahre Präsident der Akademie der Wissenschaften, so veröffentlichte er eine weltbekannte Abhandlung über Zoologie.

Bei der Entstehung der Säugetieren ging man lange Zeit von Säugetier-Reptilien aus. Diese Gruppe von fossilen Reptilien besaß Merkmale, die diese Abstammung nahelegten: ein oder zwei Wirbel vor dem Kreuzbein ohne Rippen, fast schon senkrechte Glieder sowie zwei bis vier Kreuzbeinwirbel, die im Gegensatz zum Menschen, noch nicht vollständig zusammengeschweißt waren. Der Mangel an fossilen Knochen erleichtert es nicht, die Geschichte dieser Arten mit den heutigen Säugetiere zu rekonstruieren. Überreste dieser Reptilien, Therapsiden genannt (aus dem griechischen: «mit einer runden Schläfengrube oder Fossa temporalis», die eine Vertiefung auf dem seitlichen Teil des Schädels ist), wurden in den geologischen Schichten des Perms (primäre Ära) und der Trias (sekundäre Ära) in Sud-Afrika und im Ural gefunden.

So bieten diese fossilen Reptilien, Vorfahren von denen die Säugetiere abstammen sollten, imVerthältnis zu anderen Reptilien der Zeit, mehrere besondere Merkmale: Vergrößerung der Schläfengrube, Bildung eines sekundären Gaumens, Mundhöhle, die dazu tendiert sich zwischen einen oberen Teil ausschließlich nasal und respiratorisch und einen unteren welcher gleichzeitig für Nahrung und zum Atmen gedacht war zu trennen, Entwicklung der Kieferknochen mit Zähnen vom Typ «Schneidezähne», «Eckzähne» und «Backenzähne». Eine bemerkenswerte Veränderung besteht in der Ausrichtung der Glieder, die sich nähern und unterhalb des Körpers verlegen, wobei sich der Ellbogen nach hinten dreht und das Knie nach vorne in parasagittaler Richtung, also in einer Ebene oder in einem Plan parallel sur Symetrieebene des Körpers. Der Körper richtet sich über den Boden, was eine leichtere und wahrscheinlich schnellere Fortbewegung ermöglicht.

Bevor wir auf die Primaten zu sprechen kommen, möchte ich die Bemerkung eines Tierarztes über die Bedeutung des hinteren Gliedes gegenüber dem vorderen Glied erwähnen: «ein Hund oder eine Katze, leichte Tiere, können auf drei Pfoten weiterleben. Bei schweren Säugetieren wie ein Rind, stellt das Tier im Falle der Amputation eines Vordergliedes sein Gleichgewicht wieder mit dem Kopf her. Aber bei einem Hinterglied ist die Behinderung unüberwindbar und das Tier muß geschlachtet werden.» Denken wir daran, dass der Schultergürtel[9], an den die vorderen Glieder durch den Obergliedknochen befestigt sind und dieser nicht mit der Wirbelsäule verbunden ist, viel weniger widerstandsfähig ist als der Beckengürtel welcher durch das Kreuzbein fest gesichert ist und zudem noch mit einer Reihe kräftiger Muskeln ummantelt welche ihn einschnüren.

Unter den heutigen Säugetieren können Primaten, die für

[9] Er besteht aus zwei Schlüsselbeinen und zwei Schulterblättern

uns von besonderen Interesse sind, als Eutherianer definiert werden, (das heißt, sie besitzen eine Plazenta, ein temporäres Organ, welches als Verbindung zwischen dem mütterlichen Organismus und dem Embryo dient), die meisten von ihnen auf Bäumen lebend. Anbei ihre Hauptmerkmale: der Daumen ist immer opponierbar, mit Nuancen, bei den heutigen Menschenaffen und Menschen; auch der große Zeh, außer bei Menschen. Primaten besitzen paarige Brustdrüsen, was auch bei Elefanten, Meeressäugetieren oder Fledermäusen der Fall ist, die keine Primaten sind. Der Schädel neigt dazu, sich in Bezug auf die Gesichtsmasse zu entwickeln. Die Augenhölen liegen in einer frontalen Position von einem vollständigen Knochenring umgeben, der Unterkiefer bewegt sich vertical. Die Knochen des Unterarms, der Speiche und des Ellbogens sind relativ zueinander beweglich und erlauben es der Hand, verschiedene Bewegungen mehr oder weniger nach innen (Pronation) oder nach außen (Supination) auszuführen. Das Schlüsselbein ist bei den Primaten immer vorhanden, wie auch bei Tieren die ihre Vorderglieder für verschiedene Aktivitäten verwenden: ergreifen, graben oder fliegen. Dieser Knochen verschwindet schon in der Embryonalphase bei Meeressäugetieren, Huftieren und Pholidoten deren einziger Vertreter der Pangolin oder das Langschwanzschuppentier ist, ein in Afrika und Asien vorkommendes Tier. Der Körper ist mit übereinanderliegenden Schuppen bedeckt: es hat keine Zähne und frisst hauptsächlich Insekten, vor allem Termiten. Das Schlüsselbein fehlt praktisch bei Fleischfresser wie der Hund und ist gering entwickelt bei Tieren welche für das Rennen angepasst sind wie die Hasenartigen (Kaninchen) und die Nagetieren. Dafür ist es wiederum bei den Beuteltieren und Insektenfressern wie Igel und Maulwurf gut entwickelt.

Im Gehirn der Primaten ist das Rhinencephalon bzw. Riechhirn (Nervenstruktur an der inneren und unteren Seite der Gehirnhemisphäre, die dem archaischen Gehirn entsprechen und eine Rolle in dem Geruchssinn und den Emotionen spielt) reduziert, während das Neopallium (die Gehirnhemisphären) eine große Entwicklung erreicht. Sein Volumen im Verhältnis zum gesamten Gehirn reduziert sich ausgehend vom Fisch bis zum Menschen. Verbunden mit dem Geruch, ist das Rhinencephalon sehr entwickelt bei Hunden. Das Relief der Zähnen von Primaten variiert je nach ihrer Ernährung.
Der Verdauungstrakt, das Kreislauf-, Atmungs- und Genitalsystem sind von einer Art, die in der ganzen Geschlechterfolge ohne besondere Merkmale vorkommt. Es gibt in den meisten Fällen bei den weiblichen Tieren die Perioden (Menses). Bei den meisten nächstniedrigen Tierarten wird die Plazenta als epitheliochior bezeichnet, d.h. das Plazentagewebe, welches den Embryo umgibt, befindet sich in einfachem Kontakt mit dem oberflächlichen Gewebe der Gebärmutter. Bei den anderen nennt es sich hämochorial, weil das Plazentagewebe buchstäblich die mütterliche Gebärmutterschleimhaut bis auf die Gefäße verdaut hat und somit «Blutseen» geschaffen hat, in denen die Fortzetzungen des fötalen Gewebes regelrecht baden. Auf der Ebene dieser Kontakte zwischen den mütterlichen Gefäßen und denen des Fötus kommt es zum Austausch zwischen der Mutter und ihrem Kind. In der Regel gibt es nur ein Kind welches zum Nesttypus gehöhrt. Es ist für eine mehr oder weniger längere oder kürzere Zeit von seiner Mutter ab-

hängig.

Primaten werden in Halbaffen und Affen klassifiziert. Unter den ersten sind die Lemuren von Madagaskar am bekantesten. Zu den Simianen zählen einerseits die Affen aus der Neuen Welt, die Platyrrhini (Affen mit erweiterten Nasenlöchern), und andererseits die Affen der Alten Welt, die Catarrhini (mit eng beianderander liegenden Nasenlöchern), zu denen die aus Afrika une Asien stammenden Affen gehören, so wie die Hominiden (wiss. Hominidae), welche die großen Menschenaffen, Fossilien und aktuelle, Australopithecinen und prähistorische und moderne Menschen zusammenfassen. In diesem Kapitel haben wir eine kurze Zusammenfassung der verschiedenen Perioden der Erscheinung von Wirbeltieren und vor allem von zweibeinigen Tieren gemacht: die Vögel, welche eine besondere Form der Bipedie aufweisen, auf die wir nicht zurückkommen werden, und Primaten, deren hauptsächlichen Merkmale wir erwähnt haben.

Also, welche Anatomie für welchen Fußgänger? Nur eine. Um zu verstehen und festzustellen, dass der Begriff «Fußgänger» sich nur und exklusiv auf den Menschen bezieht, werden wir unsere Studie auf die Primaten beschränken und den Zweck unseres Themas verfeinern, indem wir ihre morphologischen Eigenschaften betrachten, Schlüssel ihres aufrechten Standes auf zwei Füßen. Die nächsten drei Kapitel widmen wir jeweils den Menschenaffen, dem Mensch und dann den fossilen Hominiden, d.h. Australopithecinen. Die Untersuchung letzterer wird durch die Vorstudie der gegenwärtigen Primaten erleichtert.

Kapitel 3

Von den Ästen unseres Stammbaums gefallen: die Menschenaffen

Die Menschenaffen gehöhren zur Gruppe der Hominoiden, die manchmal auch die der Anthropomorphen oder Anthropoiden, also menschliche Form genannt werden. In der Zoologischen Klassifikation handelt es sich um eine Überfamilie, die drei oder vier Familien umfasst. Dieser Unterschied kommt von den Angelsachsen, die in dieser Gruppe die *apes* einschließen (welche die tatsächlichen Affen ohne Schwanz bezeichnen), einschließlich Gibbons und Siamangs. Diese Gibbons und Siamangs bilden für andere Primatologen eine getrennte Gruppe.

Gibbon und Siamang gehöhren zur Familie der «Hylobatidae» (aus dem griechischen: «der sich durch den Wald fortbewegt»). Diese Tiere bewegen sich nur mit ihren sehr langen Armen von Ast zu Ast, was man Brachiation nennt. Ihre Anatomie ist auf diese Art der Fortbewegung spezialisiert; Auf dem Boden bewegen sie sich normalerweise auf ihren Hinterbeinen, indem sie ihre Arme als Balance benutzen.

Orang-Utans, deren allgemeiner wissenschaftlicher Name *Pongo* ist, bilden ihrerseits laut der heutigen Klassifikation eine eigene Familie, die der Pongidae (welche einst die anderen Menschenaffen umfasste). Ursprünglich bedeutete paradoxerweise das afrikanische Wort *Pongo* Gorilla (es wurde zum ersten Mal Anfang des 17. Jahrdunderts in der Geschichte eines englischen Abenteurers erwähnt und infolge einer Verwechslung dem asiatischen Antropoidae gegeben).

Gemeine Schimpansen oder *Pan Troglodytes*, Bonobos oder Zwergschimpansen (*Pan panicus*) und Gorillas oder Gorilla gorilla gehören zur Familie Panidae. *Pan* kommt von dem Namen Hirtengott der griechischen und lateinischen Mythologie. *Troglodyten* bedeutet so viel wie Höhlenbewohner, wie von denen geglaubt, welche zum ersten Mal gemeine Schimpansen erblickten. Schließlich ist *Panicus* eine Diminutivform von Pan, der kleine Hirtengott, weil der Zwergschimpanse normalerweise feingliederiger als der gemeine Schimpanse ist.

Der Name Bonobo taucht Ende der dreißiger Jahre auf und entstammt dem Abenteuer von vier Zwergschimpansen, die in einer Kiste mit der Aufschrift «Bolobo» dem Zoologischen Garten München zugeschickt wurden. Das Personal des Zoos hätte gedacht, es handle sich um den Umgangsnamen der transportierten Primaten und hätten ihn so behalten wobei sie ihn deformierten. Tatsächlich bezieht sich Bolobo auf eine Stadt in Kongo-Kinshasa (früher Zaire), von der diese Lieferung wahrscheinlich stammte. Der Begriff «Bonobo» wurde schließlich akzeptiert, wahrscheinlich weil er einfacher zu verwenden war als ein Name in zwei Worten (Zwergschimpansen oder Zwergpygmäe).

Die vierte Familie, die der Hominiden, umfasst die Unterfamilie Australopithecinen und die der Homininen, das heißt den Menschen.

Fortbewegunsweise

Das Wort arboreal bedeutet «wer in den Bäumen lebt». Es kann sich auf viele Arten beziehen: von Insekten bis zu einer Vielzahl von Insektenfresser und Nagetieren bis hin zu Raubkatzen und Primaten. Dieser Ausdruck wird hier hauptsächlich verwendet, um die für die Primaten einzigartige Fähigkeit zu bezeichnen, die Äste mittels Händen, Füßen oder in manchen Fällen durch den Schwanz zu ergreifen, wobei diese Greifbarkeit anatomische Anpassung voraussetzt.

Bezüglich der verschiedenen Fortbewegungsweisen der Primaten stellt man fest, dass sie verschiedene Arten verwenden, die von der Brachiation des Gibbons bis hin zum Vierfüßler reichen, wie Paviane oder Cercopitheken, oder mit dem Sprung wie der Colobus oder gewisse Prosimians wie die Indris von Madagaskar. Alle klettern in den Bäumen. Primaten können sich mit mehr oder weniger Leichtigkeit auf dem Boden bewegen.

Von den drei großen Menschenaffen bewegen sich Gorillas, obwohl sie eindeutig im Wald leben, häufiger auf dem Boden als auf Bäumen, besonders im Erwachsenenalter, wegen ihres großen Gewichts. Schimpansen, auch wenn ihre arboreale Lebensweise viel ausgeprägter als die der Gorillas ist, gehen bei Alarmbereitschaft auf den Boden um auf allen Vieren zu flüchten. Bei Gorillas, Chimpansen und Orang-Utans sind die oberen Gliedmaßen länger als die unteren Gliedmaßen. Keiner der bisher gefundenen fossilen Affen zeigt die gleichen langen, dünnen Knochen, die die oberen Gliedmaßen der heutigen Anthropoiden charakterisieren.

Ein interessanter Index, da er die Längen der oberen und unteren Glieder vergleicht, ist der Intermembral-Index dessen Formel wie folgt ausgedrückt wird: Ob Glied Läng / Un Glied Läng.) x 100. Sein Vergleichswert zwischen Affen und Menschen ergibt nach Schultz:

– 88,6% für Catarrhinien
– 113% für Anthropoiden
– 70 % für Menschen

Bei der Fortbewegung durch Brachiation (Schwinghangeln), also die Fortbewegung von einem Ast zum anderen, wird der Rumpf in einer senkrechten Position gehalten, was beim gehenden Menschen der Fall ist. Bei den Vierfüßlern ist der Rumpf horizontal, mehr oder weniger parallel zum Boden.

Die meisten Affen, aber auch viele andere Tiere, können sich mehr oder weniger gerade aufrichten. Die Menschenaffen nehmen diese Haltung sehr häufig an, besonders während Einschüchterungsparaden. In der aufrechten Position ist die Anordnung der Wirbelsäule, des Beckens und der unteren Gliedmaßen jedoch ein wenig anders als beim Menschen: die Knie des Gorillas und des Schimpansen sind leicht gebeugt und die Füße flach auf dem Boden, mit mehr oder weniger zusammengekniffen Zehen. Der am häufigsten auf Bäumen lebende Orang-Utan ist in der Lage, mit Becken, Oberchenkel und Bein und einem geraden Rücken zu stehen. Seine Füße ruhen oft auf dem Boden mit zusammengekniffen Zehen, wie als wären sie zusammengerollt, um sich auf den äußeren Rand dieser Art von Faust zu stützen (auf englisch *fist walking*). Die Variationen in dieser Art der Fortbewegung sind auf morphologische Spezialisierungen von Menschenaffen zurückzuführen *(Abb. 2)*

Abb. 2 - Bonobos Schimpansen in zweibeiniger Fortbewegung, Klischee Vilem Bischof

2002 testeten Elain Videan und William McGrew von der Universität Miami, Oxford, (Ohio), die Hypothesen anderer Forscher bezüglich in Zoos lebenden Schimpansen und Bonobos. Demnach würden die Tiere, die mit dem Bedürfnis nach Wachsamkeit, Transport von Nahrungsmitteln und möglicherweise anderen Gegenständen sowie Einschüchterungsparaden verbunden waren, häufig die aufgerichtete Position und eine zweibeinige Fortbewegung anwenden. Um die Bonobos und Schimpansen anzuregen sich aufzurichten, errichteten Videan und McGrew um ihre Pferche Zeltplane von 0,7 bis 1 Meter Höhe, aber die Affen zeigten keine merkliche Veränderung in ihrem Verhalten. Anschließend, da sie wußten, dass in der Wildnis sowohl Bonobos wie auch Schimpansen es gewöhnt sind, Äste aufzuheben und zu schütteln um ihre Artgenossen während den Einschüchterungsparaden aufgerichtet und mit borstigen Haaren zu beeindrucken warfen die beiden Forscher blätterige Laubäste in das Gehege, um ihre Reaktion nach Öffnung der Falltüren zu beobachten. Sobald sie im Gehege waren, fraßen sowohl Bonobos als auch Schimpansen entweder die Blätter oder benutzten die Äste, um Nester auf dem Boden zu machen. Wer die Äste zu einem abgelegenen Ort bringen wollte, tat dies meist aufrecht. Schließlich, indem sie in ihrem Gehege große, teilweise offene Säcke aus Leinwand für einen einfachen Zugang entdeckten, die kleine Nahrungsmittel (Nüsse, Trauben, Popcorn) enthielten, drückten beide Arten ihre Freude durch Geschrei und Aufstehen aus (Bonobos kopulierend). Dann nahmen sie ein bis drei Leckereien auf, bevor sie sich in zwei oder drei beiniger Position entfernten.

Unter den beschriebenen experimentellen Bedingungen scheint nur der Transport von Nahrung und Ästen die Affen dazu geführt zu haben, mehr Bipedie anzuwenden. Nach Ansicht der beiden Ethnologen bleiben die Schlussfolgerungen spekulativ, denn um eine genauere Vorstellung der Bedingungen zu gewinnen, welche die Ausübung der Bipedie bei Menschenaffen fördert, wäre es notwendig, Versuchsmethoden mit wilden Affen in natürlicher Umgebung durchzuführen. Während im Zoo die Beobachtungen leichter durchzuführen sind, kann die Beschränkung gefangener Tiere ihre Reaktionen beeinflussen und die Ergebnisse fälschen.

Abb. 3 – Gehender Schimpanse, Klischee Vilem Bischof

Abb. 4 – Gorilla in Vierfüßlerstellung. Finger in Knöchelfortbewegung, Klischee Vilem Bischof

Sehr junge Primaten beginnen sich in einer Vierfüßerstellung zu bewegen, sogar auch das menschliche Kind. Die zweibeinige Position kommt später, während des Wachstums, ein Jahr bei Menschen und neun Monate bei Schimpansen. Um aufrecht zu bleiben, müssen Schimpansen und Gorillas die Knie und Hüften leicht beugen, um das Gleichgewicht zu halten. Sie können diese Position nicht sehr lange einhalten. Der Orang-Utan unterscheidet sich mit letzteren da es ihm leicht fällt, mit ausgestrecktem Rücken, Schenkeln und Beinen gerade zu stehen. Ein junger Orang-Utan von ungefähr drei Jahren muss, um sein Gleichgewicht zu halten, das Gewicht seines Körpers inklusiv seinen Zehen auf seinen Fersen ruhen lassen. Wenn sie ein Gegenstand tragen, gehen die Affen oft auf drei Glieder, das vierte dient dazu, das Objekt zu tragen.

Es ist interessant, die Position der Hände der Affen während ihrer Bewegungen zu bemerken. Außer den Menschenaffen, wenn sie die vierbeinige Art der Fortbewegung einnehmen, legen sie ihre Hände auf den Boden, aber nicht die ganze Hand, einschließlich der Handfläche bzw. dem Handteller, wie das Kind. Sie belasten die ausgestreckten Finger, wobei die Handfläche nicht den Boden berührt. Der Druck ruht auf die Mittelhandknochen oder Metacarpalia mit dem zweiten, dritten, vierten und fünften Finger welche aufs äußersten gestreckt sind.

In der Vierfüßlerposition oder Quadrupedie stützen sich die Arme der Schimpansen und Gorillas auf dem Rücken des zweiten Fingerknöchel, eine Haltung, die als die sogenannte Knöchelfortbewegung oder engl. *knuckle walking* bekannt ist. Diese Position der Hände ist typisch bei den großen afrikanische Affen, und zwar seit ihrem jüngsten Alter. Bei den Menschenaffen sind die Beugemuskeln der Finger kurz, so dass sich die Finger biegen, sobald der mittler Teil der Hand sich in Dorsalbeugung befindet; Wenn beispielsweise der Arm ausgestreckt ist, sind die Finger zwangsweise abgewinkelt oder gebogen. Will man die offene Hand in ihrer Gesamtheit beobachten, muß man den Ellbogen des Affens beugen, um seine Finger zu strecken. Dieses besondere Muskelsystem ist nützlich, weil es dem großen Affen erlaubt, ohne viel Ermüdung sich an einem Ast festzuklammern. Die Gewohnheit dieser Position verursacht beim Gorilla und Schimpansen eine spezielle Textur der Haut auf der dorsalen Seite der mittleren Phalangen die unbehaart ist und eine Papillarleistenhaut aufweist, vergleichbar mit Dermatoglyphes (was sich abdrucken lässt, wenn man einen digitalen Abdruck macht) der Handteller von Händen und Fußsohlen. Wenn ein sehr junger Orang-Utan vierfüßig geht, schließt er vollständig seine Faust, die sich dann auf den Rücken der ersten oder zweiten Reihe von Phalangen stützt. Wie die meisten Affen sind auch Menschenaffen mit Nägeln und nicht mit Krallen versehen, mit Ausnahme einiger kleiner Arten von Platyrrhinis (Affen mit erweiterten Nasenlöchern aus Südamerika). Sie können sie nicht zum klammern benutzen, wie es zum Beispiel ein Seidenäffchen macht). Auf Bäumen bewegen sich Schimpansen hängend und benutzen möglicherweise einen Fuß, um sich auf Äste zu lehnen.

Genau wie die Menschen, besitzen Menschenaffen keinen Schwanz. Die damit ausgestatteten Primaten benutzen ihn als Gleichgewicht oder als fünftes Glied wenn er wie bei Klammerschwanzaffen d.h. Ateles als Greifschwanz dient und somit diese Affen an eine hangelnde Lebensweise angepasst sind.

Anatomie

In anatomischen Studien der aktuellen Arten geht man im Gegensatz zur Paläontologie vor. Die Sezierung beginnt von außen über die Haut, setzt sich mit der Untersuchung der Weichteile, Muskeln und Sehen fort und endet mit den Knochen. Wenn man paläontologische Überreste untersucht, reduzieren sich die uns zur Verfügung stehenden Elemente auf versteinerte Knochen. Die Studie beginnt mit der Beschreibung dieser Überreste, Zeichnungen, Messungen und schließlich, je nach Form und Anatomie, die man mit aktuellen Arten vergleicht, versucht man zu erkennen, welche Muskeln oder Sehnen es hätten sein können welche sich zu diesen Arten einfügten oder mobilisierten. Man vergleicht sie mit den Knochen eines gleichen Geländes oder Alters, aber auch mit den Elementen, die uns von einem anderen Ort zur Verfügung stehen. Einige gehen sogar von ein paar Knochen aus, um sich die endgültige und vollständige Form des Tieres vorzustellen, ein nicht direkt ernsthaftes Verhalten, die manche Wissenschaftler nicht zögern «Paläopoesie» zu nennen.

Zum Beispiel, sechs Zähne gefunden in etwa 70 Millionen Jahren alten geologischen Schichten aus der späteren Kreidezeit in Montana (USA), gelten als die ältesten Überreste von Primaten. Ein in der Nähe der Stätte sich befindener Friedhof war der Grund sie *Purgatorius* zu nennen. Das Tier wird als eine Art von mit Haaren behaftetes Nagetier dargestellt, mit einer spitzen Schnautze und einem langen Schwanz. Dahinter steckt viel Fantasie! Es gibt viele Beispiele wo die Einbildungskraft weit über die Realität der Fachkenntnisse hinausgeht.

Daher ist die anatomische Studie die grundlegende Methode, um die fossilen Überreste zu verstehen und sie der einen oder anderen Spezies zuzuordnen. Dank einer korrekten Auswertung der Überreste sehr alter Hominiden können wir wissen, ob wir sie unter den möglichen Vorfahren des Menschen oder der Primaten einordnen sollten oder ob sie heute eine bestimmte Gruppe ohne Nachkommen darstellen.

Es ist offensichtlich, dass die Anatomie eines Körpers nicht nur mit seinem genetischen Erbe zusammenhängt, sondern auch mit der regelmäßigen Nutzung seiner Funktionen unter Berücksichtigung seiner Umwelt. Zum Beispiel wird ein Kind, das in einem sehr jungen Alter schwere Arbeit geleistet und sehr schwere Gewichte getragen hat, im Erwachsenenalter nicht die Statur haben, die es unter anderen Verhähltnissen gehabt hätte. Es wird kleiner sein weil seine Knochen, die im Moment des Wachstums gewaltsam beansprucht wurden, früher verknöchert wurden als sie es hätten sollen.

Die Anatomie des Rumpfes bestimmt Haltung und Fortbewegungsmöglichkeiten. Im Skelett von Neuweltaffen, wie dem Makaken, ist der Lendenbereich viel länger als bei Menschenaffen wie z. B. dem Schimpansen, was den Neuweltaffen eine größere Flexibilität gibt. Bei den Menschenaffen berühren die letzten Rippen fast die Hüftknochen und erlauben kaum eine seitlich Beugung des Rumpfes während der Fortbewegung. Ein Neuweltaffe kann Wasser am Boden trinken, während er sitzt und seine Wirbelsäule krümmt, während ein Menschenaffe den Rumpf an den Hüften biegen und den gesamten Körper kippen muss, um ans Wasser zu gelangen. Aber da ein Schimpanse einen Schwamm aus Blättern machen kann welche durchtränkt sind, kann er das gespeicherte Wasser einsaugen.

Knochenanatomie des Fußes

Das Fußskelett (Abb.5 und 6) besteht aus drei Hauptteilen: dem Tarsus, dem Metatarsus und den Zehen, die wir nacheinander untersuchen werden.

Der Tarsus besteht aus dem Sprungbein (Talus oder Astragalus), dem Fersenbein (Kalkaneus oder Calcaneus), Kahnbein (Naviculare), den drei Keilbeinen (Cuneiforme) und dem Würfelbein (Cuboideum). Der Talus verbindet sich nach oben mit dem Schienbein (Tibia) und dem Wadenbein (Fibula) die ihn wie eine Pinzette umschließen, nach unten mit dem Kalkaneus und vorne mit dem Naviculare. Der Kalkaneus, Knochen der Ferse, ruht (beim Menschen) mit seinem hinteren Teil auf dem Boden über zwei Höckern, einen inneren und einen äußeren. Mit dem Talus ist er oben verbunden und mit dem Würfelbein (Cuboideum) vorne. Das Kahnbein (Naviculare), dessen Form an ein Boot erinnert, gliedert sich nach hinten mit dem Kopf des Sprungbeins und nach vorne mit den drei Keilbeinen, (so genannt, weil sie wie Ecken aussehen). Diese drei Keilbeine kommen als nächstes. Das erste Keilbein, Keilbein 1 oder medial cuneiform, gliedert sich nach hinten mit dem Kahnbein und vorwärts mit dem ersten Mittelfußknochen, und auf seiner Außenseite mit dem zweiten Metatarsale oder Mittelfußknochen und dem zweiten Keilbein. Dieses Keilbein 2, auch Zwischenkeilbein genannt, gliedert sich nach hinten mit dem Kahnbein, auf seiner Innenseite mit dem ersten Keilbein, vorne mit dem zweiten Metatarsus, und auf der Außenseite mit dem dritten Keilbein. Keilbein 3 oder seitlicher Cuneiform gliedert sich rückwärts mit dem Kahnbein, auf seiner Innenseite mit dem zweiten Cuneiform, und vorne mit dem dritten Mittelfußknochen und auf seiner Außenseite mit dem Würfelbein (Cuboidum). Schließlich das Würfelbein, siebter Knochen des Tarsus, gliedert sich nach hinten mit dem Fersenbein (Kalkaneus), auf seiner Innenseite mit dem dritten Keilbein und nach vorne mit den vierten und fünften Metatarsale.

Der Mittelfußknochen besteht aus den fünf Metatarsalen länglichen Knochen, von denen die ersten drei sich nach hinten mit den drei Keilbeinen und die zwei letzten mit dem Würfelbein gliedern bzw. verbinden.

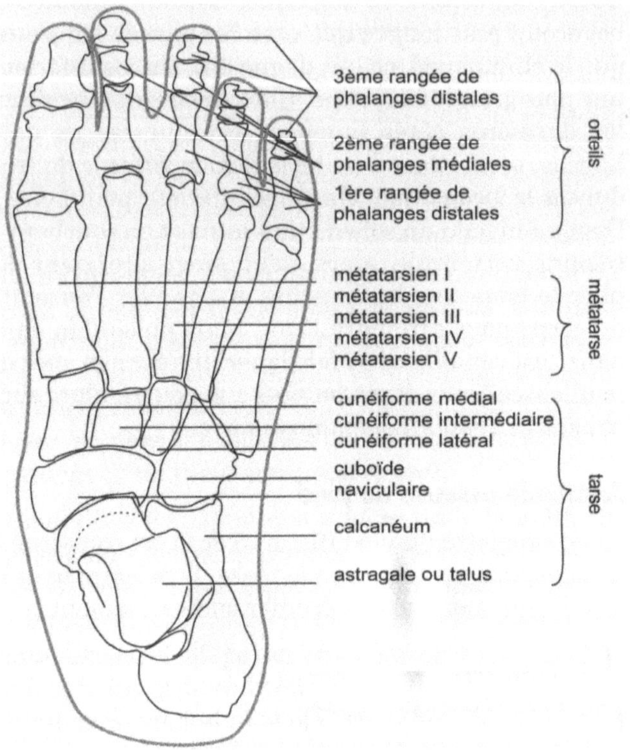

Zehenglieder = Endphalangen = 1. Reihe der Proximale Phalangen + 2. Reihe der mediae Phalangen + 3. Reihe der distalen Phalangen
Mittelfußknochen = Metatarsale Zehenglieder
Keilbeine = Cuneiforme (mediale, intermedium und laterale)
Würfelbein = Cuboideum
Kahnbein = Naviculare
Fersenbein = Calcaneus/Kalkaneus
Sprungbein = Talus oder Astragalus Tarsus

Abb. 5 Skelett des rechten Fußes eines Menschen, dorsale oder rückseitige Oberfläche

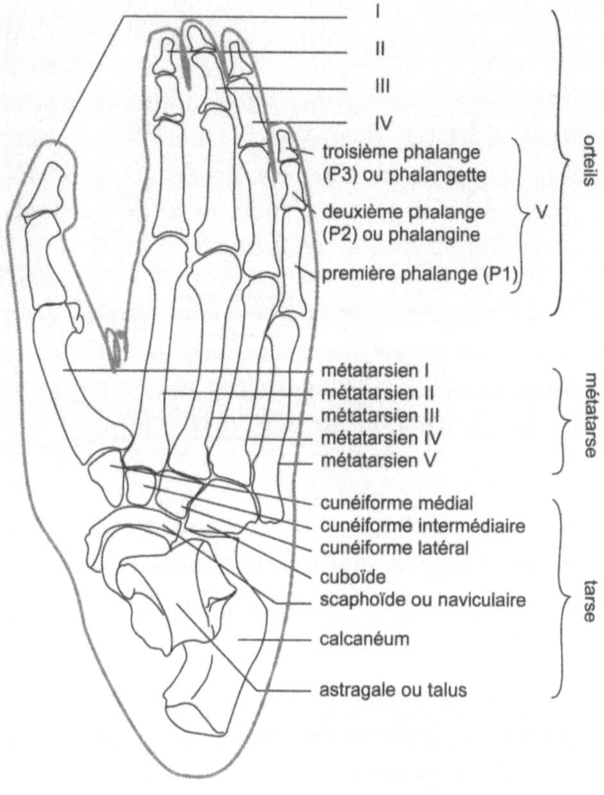

Abb. 6: Skelett des rechten Fußes eines Schimpansen, dorsale oder rückseitige Oberfläche

Die fünf Zehen folgen schließlich den fünf Metatarsalen. Der erste Zeh hat zwei Phalangen oder Grundglieder, ein proximales (das dem Fußballen am nächsten ist) und sich rückwärts mit dem ersten Metatarsale gliedert und ein distales (am weitesten vom Körper des Fußes entfernt). Die anderen vier Zehen bestehen aus drei Phalangen: einer proximalen oder P1, die sich mit dem entsprechenden Mittelfußgelenk gliedert, einer Medialen oder Zwischenphalange (P2) und einer distalen (P3) mit Nägeln (Abb.7)

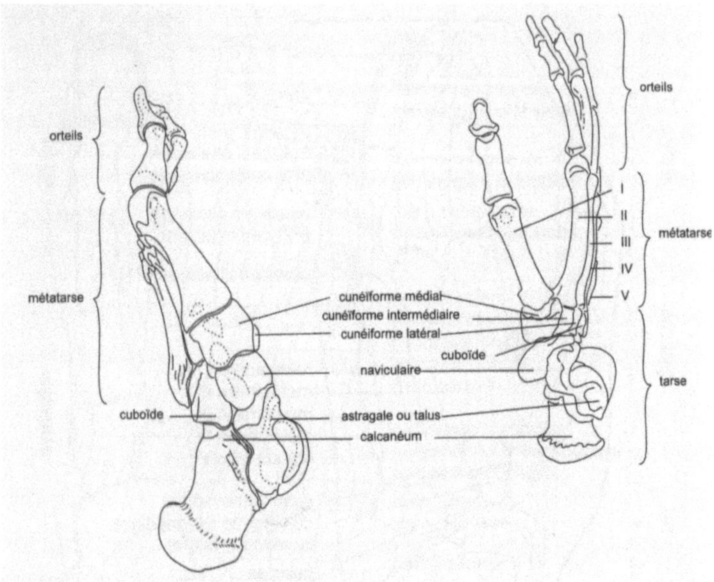

Abb. 7 – In der medialen oder inneren Ansicht links das Skelett des rechten Fußes des Menschen; rechts der des Schimpansen.

orteils = Zehen
métatarse = Metatarsale
tarse = Tarsus
calcanéum = Fersenbein
astragale ou talus = Sprungbein
naviculare = Kahnbein
cuboïde = Würfelbein

cunéiforme médial, intermédiaire, latéral = Keilbein (inneres, mittleres, äußeres)

Merkmale von Hand und Fuß der Menschenaffen

Der Orang-Utan ist ein Tier, welches in seiner natürlichen Umgebung im Herzen der Wälder von Sumatra und Borneo nicht oft auf den Boden heruntersteigt. Es wurde kürzlich beobachtet, dass er es häufiger macht als bisher angenommen. Auf Grund seines Gewichts, kann der Orang-Utan sich nicht schwinghangeln von einem Baum zum anderen, deswegen braucht er wieder festen Boden, um an einen neuen Baum zu gelangen. In den Bäumen bewegt er sich dank seiner langen Armen und klammert sich fest mit seinen Füßen und Händen. In seiner immer noch von Forschern zitierten und 1972 publizierten Arbeit: die Primaten, errechnete der in Zürich ansässige deutsche Primatologe Adolphe Schultz (1891-1976) ein Verhältnis, welches die Länge der vorderen Extremität mit der hinteren Extremität in Beziehung setzte. Dieses Verhältnis ermöglicht es, die Länge des Vorderarms des Orang-Utans, die fast anderthalbmal länger als sein Hinterbein ist, zu quantifizieren. Diese langen Arme erlauben dem Orang-Utan während seiner Bewegungen in den Bäumen eine maximale Amplitude oder Schwingungsweite. Seine Hände zeichnen sich durch einen verkümmerten Daumen aus, eine sehr große Länge der Phalangen der Finger, deren auf der Höhe der Diaphyse[10] abgeflachte, stark gekrümmte Knochen die

---

[10] Ein langer Knochen besteht aus zwei Extremitäten: der

Aufnahme der Äste erleichtern. An den Füßen haben die Zehenknöchel die gleichen Eigenschaften wie die Hände, nämlich große Länge und starke Krümmung. Die unter der Mitte des Fußes liegende Knochen sind die fünf Mittelfußknochen, aus denen der Metatarsus besteht. Die Metatarsale sind auch sehr lang und gebogen. Proportional zur Gesamtfläche des Fußes ist der Tarsus sehr kurz mit einem ziemlich schlanken Astragalus (Talus) sowie Calcaneus (Fersenbein), besonders im Vergleich zu denen des Menschen.

Vergleichstabelle mit Angabe der Hauptproportionen des Fußes

Jedes Verhältnis oder jede berechnete Proportion wird mit einhundert multipliziert, um Prozentsätze zu erhalten, und dies für die vier Gattungen: Schimpanse und Bonobo (Pan), Gorilla (Gorilla), Orang-Utan (Pongo) und Mensch (Homo)

	Pan	Gorilla	Pongo	Homo
P/PM	29%	30%	37%	23%
ta/P	35%	43%	26%	51%
calc/P	24%	30%	18%	33%
Mt3/P	31%	28%	31%	29%
03/P	37%	31%	44%	19%

---

proximalen Epiphyse (dem Körper näher) und der distalen Epiphyse (dem Körper weiter entfernt) und einem zentralen Teil, der Diaphyse.

P = Länge des Fußes; ta = Länge des Tarsus; Mt3 = Länge des 3. Mittelfußknochen; 03 = Länge der 3. Zehe; MP = Länge des hinteren Gliedes; Calc = Länge des Calcaneus (Abb. 8 und 9).
So sind die Längen des Fußes gegenüber dem hinteren Glied sowie die der dritten Zehe gegenüber dem Fuß beim Menschen sehr gering (mit 23% und 19%) im Vergleich zu denen des Orang-Utans (37% und 44%). Dafür ist die Länge des Tarsus von Pongo (26%) sehr klein im Vergleich zu Homo (51%). Tatsächlich beträgt beim Menschen der Tarsus mehr als die Hälfte der Länge des Fußes, während er beim Orang-Utan etwa ein Viertel der Fußlänge (26%) beträgt.

In Bezug auf die Knochenanatomie des Fußes gibt es, abgesehen von der Länge des dritten Mittelfußknochens, die bei allen vier Gattungen etwa 30% der Fußlänge beträgt, immer einen Gegensatz der Werte zwischen den Proportionen des Orang-Utans und die des Menschen. Diese Unterschiede erklären sich durch Anpassungen an unterschiedliche Fortbewegungsarten. Bei Gorillas und Schimpansen liegen die Werte zwischen denen des Menschen und des Orang-Utans, wobei die Prozentsätze des Gorillas dem Menschen näher liegen als die des Schimpansen.

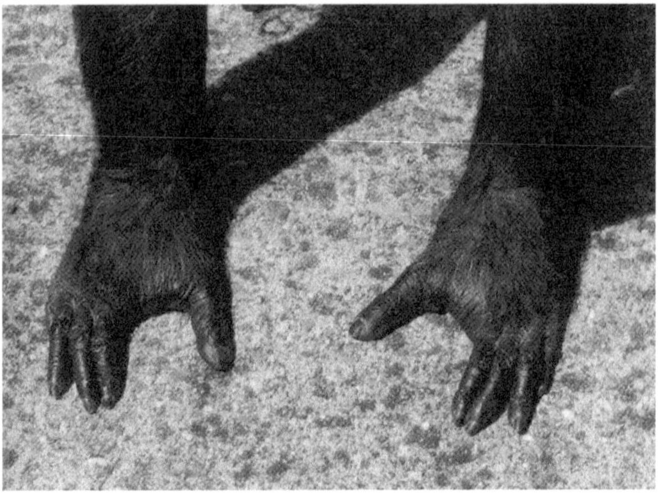

Abb. 8 – die zwei Füße eines Schimpansen, Klischee Vilem Bischof

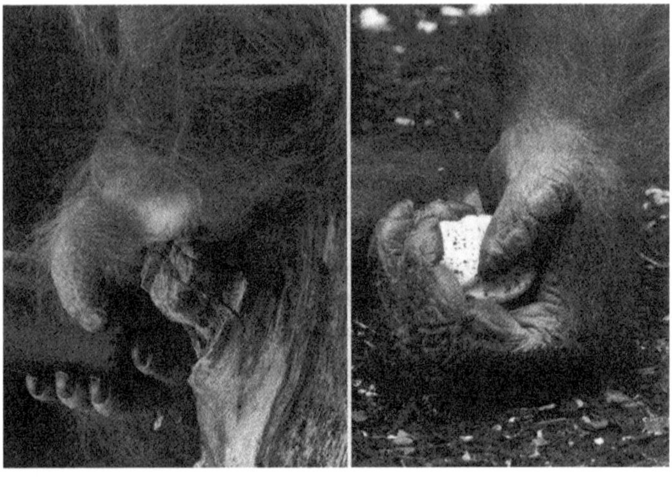

Abb. 9 – links: rechter Fuß, rechts: linke Hand eines Orang-Utan, Klischee Vilem Bischof

Außerdem ist es in allen vier Gattungen der zweite Metatarsale welcher am längsten ist. Aber nicht die Länge der Mittelfußknochen unterscheidet die Affen und Menschen, sondern die Form der Diaphyse, die dorsal konvex und somit ein konkaves Fußgewölbe bei den Affen aufweist aber beim Menschen gerade ist; ihr Querschnitt ist abgerundet bei Affen und subtriangulär beim Menschen.

Wegen der Opponierbarkeit des Daumens sind die distalen Köpfe oder Epiphysen der Mittelfußknochen zur Innenseite des Fußes hin gerichtet. Beim Menschen sind die fünf Mittelfußknochen fast parallel, es gibt keine Möglichkeit einer Opponierbarkeit der großen Zeh mit den anderen Zehen wie bei den Menschenaffen und die distalen Köpfe oder Epiphysen dieser Knochen sind nach der äußeren Seite des Fußes gerichtet. Die vier seitlichen Zehen sind sehr lang wie aus der vorherigen Tabelle zu entnehmen und zusätzlich haben sie eine stark konkave plantare Krümmung. Der Querschnitt ihrer Diaphysen zeigt eine dorsoplantare Abflachung, die zu einer Erweiterung der Diaphyse über die gesamte Länge führt, während beim Menschen die Zehenphalangen gerade und schmal hinsichtlich der Diaphyse sind.

Der Calcaneus (Fersenbein)

Der auf einer Ebene liegende und einzeln betrachtete Calcaneus, zeigt bei den Affen eine vordere Gelenkfläche mit dem Würfelbein (Cuboideum), der entweder vertikal oder aufwärts ist, während beim Menschen dieselbe Fläche immer nach unten schaut. Das lässt sich erklären, denn der Mensch hat ein Fußgewölbe, bei dem in seinem vorderen Teil hochgehobener Calcaneus die hintere Säule bildet, so dass wenn er platziert ist, seine als dann hochgehobene vordere Seite sich in vertikaler Position befindet. Außerdem gibt es auf dem posteroplantaren Teil vom Calcaneus beim Affen nur einen inneren Tuberkel, und auf seiner lateralen Seite einen Tuberkel als «Peroniere» bezeichnet, denn er trennt die Sehnen der sehr entwickelten kurzen und langen Peronealmuskeln was somit die seitliche Fläche deformiert, und dem ganzen Calcaneus eine winklige Form verleiht. Ein Calcaneus eines Affen ruht auf einer ebenen Fläche auf drei Punkten: hinten auf dem Tuberculum medialis, in der Mitte auf dem Tuberculum der «Peroniere» und vorne auf dem Tuberculum anteriore des Knochens. Schließlich ist beim Menschen der Tuberkel der Peroniere unbeständig, und wenn vorhanden, ist er sehr klein, von unbedeutendem Volumen und wie auf der flachen und geraden lateralen Oberfläche des Knochens ruhend. Zusammengefasst: der menschliche Calcaneus auf einer ebenen Fläche ruht auf drei Punkten: hinten auf den beiden inneren und äusseren Tuberkulen und vorne aud der vorderen Tuberositas, d.h. dem vorderen Teil der Fußsohle.

Aus der dorsalen Sicht der Knochen des Tarsus sind die Dünne des Naviculare, die eckigen Formen des Calcaneus sowie die Dreieckigkeit der oberen Gelenkfläche des Astragalus (Artikulationsfläche mit dem Schienbein oder Tibia) sichtbar. Affen besitzen kein Fußgewölbe.

Die Hand des Gorillas hat eine große Handfläche mit ähnlichen Proportionen wie die menschliche Hand. Die Hand des Schimpansen ist ein wenig anders, mit proportional längeren Fingern und Handflächen und einem kürzeren Daumen. Diese Hand ist vorzüglich angepasst, um sich an Ästen festzuklammern. Einmal mehr sieht man die Bedeutung von Proportionen, welche allein die Zuordnung eines Knochens zu einem Genre bestimmen. Das Gelenk seines Daumens zwischen dem Trapeziusknochen (ein Handwurzelknochen) und dem ersten Mittelhandknochen[11] besitzt mehr oder weniger die Form eines Zylinderteils (Trochoide), während beim Menschen seine Form mehr einem Sattel ähnelnd, eine dreidirektionale Raumbewegung gestattet. Allerdings müssen wir eine gewisse Variabilität dieses Gelenks berücksichtigen, insbesondere in der Morphologie der Bänder und Muskeln, die dieses Gelenk mobilisieren.

Ende der sechziger Jahre hatte Clifford Joly, jetzt Professor für Anthropologie an der New-York University, die Idee, als junger Forscher die Paviane vor Ort zu studieren, und zwar an erster Stelle die Blutbrustpaviane (Theropithecus gelada). Diese Affen leben auf den hohen Hochebenen und Almen in den Bergen Äthiopiens, in einer ziemlich trockenen Umgebung, die Analogien mit dem Biotop der angeblichen Vorfahren der Menschen in Ostafrika bietet. Beim Studium ihrer Morphologie stellte Joly fest, dass Blutbrustpaviane, welche ausschließlich erdverbunden sind, ihren Daumen besser als jeder andere nichtmenschliche Primat den anderen Fingern der Hand opponieren konnten.

---

[11] Die Handfläche wird von den fünf Mittelhandknochen unterstützt welche zusammen den Handwurzelknochen bilden

Darüber hinaus haben sie eine weniger opponierbare große Zehe und sogar kürzere Phalangen als die aller anderen Affen. Diese spezifischen Anpassungen kämen von ihrem Leben in einer so besonderen Umgebung. Nachdem sie die Nacht in den Felswänden verbracht haben, gehen die Blutbrustpaviane auf die Almen, auf Suche nach Nahrung, beschränkt auf Stängel aus getrocknetem Gras, Knollen, Wurzeln und Samen, von denen sie große Mengen sammeln müssen, um ihren Hunger zu stillen. In diesem Zusammenhang bildet der opponierbare Daumen zusammen mit dem Zeigefinger eine zielgenaue Klammer, die es ihnen ermöglicht, kleine Gegenstände wie Samen präzise zu erfassen. Diese Fähigkeit, Gegenstände zu sammeln und zu halten, ist für sie von entscheidener Bedeutung. Beim Sitzen sammeln die Blutbrustpaviane so in Rekordtempo – und gleichzeitig mit beiden Händen – alles auf, was sie zu essen finden. Diese Besonderheiten dieser Paviane, eine Anatomie der Extremitäten, die weniger spezialisiert als bei den Menschenaffen ist, können entweder darauf hinweisen, dass sie Proportionen und Merkmale beibehalten haben, die von dem gemeinsamen Vorfahren der Primaten geerbt wurden, oder angesichts der Umweltbelastungen sich parallel zu den Vorfahren des Menschen entwickelt haben.

Die Proportionen der verschiedenen Elemente eines Körpers liefern wichtige Informationen über die Kenntnis einer Tiergruppe. Sie haben einen unbestreitbaren Wert für die Erforschung der Phylogenese (Geschichte der Evolution der Arten). Dies wurde 1978 von den französischen Anatomen Jacques Lessertisseur und Françoise Jouffroy bestätigt, beide Forscher am Laboratorium für vergleichende Anatomie des Nationalmuseums für Naturgeschichte.

Dr. Norbert Kuhlmann, Chirurg spezialisiert was die Hand betrifft[12], veröffentlichte 2005 in der Zeitschrift Morphology, einen Artikel über den Vergleich der Proportionen von Hand und Fuß bei 269 Affen. Was die Hand betrifft, so notiert er, «dass Menschenaffen eine kleinere, ja sogar bedeutend kleinere Handwurzel und Kolonne des Daumens als Menschen haben und eine Länge der Mittelhandknochen und der medialen Fingern praktisch identisch mit Ausnahme der Gibbons deren Finger länger sind.» Was den Fuß betrifft, so schreibt er:«der Mensch hat einen ersten Strahl fast so lang wie der Zweite und seine anderen Zehen sind wirklich kurz. Der erste Strahl aller Affen ist immer viel länger als der ihres Daumens, aber viel kürzer als der Hallux (große Zeh des Menschen).

Bei den kleinen Affen sind die anderen Mittelhandknochen im Wesentlichen identisch mit denen des Menschen....Die seitlichen Zehen, viel länger als bei dem Menschen, sind im Wesentlichen identisch mit denen der Hand....Die Menschenaffen haben viel kürzere Metatarsen und die seitlichen Zehen sind manchmal etwas kürzer als beim Menschen.» Er schließt seinen Artikel folgendermaßen ab: «die Entwicklung der Extremitäten der oberen und unteren Glieder der Primaten ist eng mit mechanischen Faktoren verbunden. Wenn wir nach den Gesetzen von Dollo argumentieren, laut denen die Evolution niemals umkehrt, ist es

---

[12] Kuhlmann N.J.

unmöglich, dass ein Strahl oder Glied der Hand oder des Fußes welcher zurückgegangen ist, wieder länger wird. Unter diesen Bedingungen gibt es allen Grund anzunehmen, dass der gemeinsame Vorfahr aller Primaten ein leichtes Tier gewesen war, mit langen Händen, langen Füßen wie die Platyrrhini, aber auch mit einem langen ersten Strahl wie beim Fuß des Menschen.»

Die isolierte Fortdauer von diesem langen Strahl im Fuß findet man nur beim Menschen. Es ist das Hauptmerkmal der Bipedie (zweifüßige Gang). Daher gibt es allen Grund mit Y. Deloison anzunehmen, dass sich das Geblüt der zweibeinigen Primaten sehr früh von der auf Bäumen lebenden Primaten getrennt hat.
Anthropomorphe Affen wären somit nur unsere entfernten Cousins.

Wenn man das untere Glied eines Menschen mit dem eines Schimpansen, eines Gorillas oder eines Orang-Utans vergleicht, gibt es einen Unterschied in den Verhältnissen der verschiedenen Elemente. Ich wollte die Richtigkeit dieser Beobachtung durch eine statistische Studie überprüfen. Da es fast unmöglich ist, lebende Affen zu messen, arbeitete ich zwischen 1981 und 1983 an Skeletten, die zu den Sammlungen des Nationalmuseums für Naturkunde in Paris gehören, aber auch am Institut für Anthropologie von Zürich und das British Museum für Naturgeschichte, London. Ich konnte somit Zahlenwerte für 30 Schimpansen und Bonobos, 25 Gorillas, 16 Orang-Utans und 36 Menschen erhalten.

Die Länge des Mittelfußknochens beträgt bei allen vier Gattungen etwa ein Drittel der Länge des Fußes. Beim Gorilla und dem Schimpansen sind die Mittelfußknochen länger als beim Menschen, aber weniger als beim Orang-Utan. Beim Menschen sind sie gerade aber bei allen Menschenaffen gebogen. Was beim Menschen als große Zeh bezeichnet wird, weil er der robusteste und längste ist, ist bei Menschenaffen der kürzeste; außerdem läßt er sich bei letzteren abspreizen und auch mit den anderen Zehen opponieren, so wie der Daumen unserer Hand. Es ist uns unmöglich, diese Opposition mit unserer großen Zehe zu machen.

Bei Menschenaffen kennzeichnet sich der erste Strahl des Fußes, gebildet durch den ersten Metatarsale und der ersten Zeh durch seine Kürze und Orientierung mit Opposition gegenüber den anderen Zehen. Tatsächlich besitzt der erste Metatarsale des Schimpansen eine Torsion mit einem Winkelwert von 70°, bezogen auf die auf einer Ebene liegenden anderen vier Mittelfußknochen. Dieser Metatarsale 1 besitzt an seiner Basis ein echtes Gelenk (Trochoide) mit dem ersten Keilbein für welchen die Gelenkfläche die Form eines Zylinderteils hat. Diese Drehung des ersten Mittelfußknochens auf dem ersten Keilbein bewirkt die Öffnung der ersten Abduktion (Spreizung) der ersten Zehe.

Der erste Metatarsale des Menschen verläuft parallel zu den vier anderen. Er kann sich nicht einrollen. Er ist nicht sehr beweglich, da die Gelenkflächen an seiner Basis fast eben sind (diese Art des Gelenks nennt man Arthrodie). Der große Zeh des Menschen ist nicht anderen opponierbar. Der zweite Zeh bildet einen Winkel zwischen 5° und maximal 15°.

Neben der größeren Länge der Metatarsalen und Zehen, sowie der Möglichkeit der Opposition des ersten Zehs gegenüber den anderen, gibt es noch andere Unterschiede zwischen dem Skelett des Fußes der Menschen und dem der Menschenaffen, deren Wichtigkeit zum Zeitpunkt der Auslegung der Knochen von fossiler Hominiden wie Australopithecus (Kapitel V) erscheinen wird. Der Fuß des Schimpansen ist der menschlichen Hand dank seiner Greifbarkeit näher. Er benutzt ihn auf bevorzugter Weise, um ein Gegenstand zu greifen. Seine Hand mit seinem sehr kurzem Daumen ist besonders an das Aufhängen angepasst und hat die Form eines Hakens und nicht einer Klammer.

In Zusammenarbeit mit Professor Henri Pineau (†) haben wir die Berechnung der verallgemeinerten Abstände benutzt um zu überprüfen, ob es möglich wäre oder nicht, eine Klassifikation der Primaten an Hand von Richtzahlen zu erhalten.

In jeder wissenschaftlichen Forschung, unabhängig von dem untersuchten Feld, müssen die komplementären Aspekte qualitativer und quantitativer Merkmale berücksichtigt werden.

Die qualitativen Elemente sind diejenigen, die eine Eigenart festlegen, sie können an einem einzelnen Individuum einer Spezies beobachtet werden.

Wenn wir diese qualitativen Merkmale an einer größeren

Anzahl von Probanden analysieren, erhalten wir messbare Größen oder Parameter, die es ermöglichen, die Hauptmerkmale einer statistischen Menge vereinfacht darzustellen. Die Werte dieser Parameter neigen nicht mehr dazu, das Individuum zu definieren, sondern die Spezies, zu der es gehört.

Mit anderen Worten, quantitative Merkmale sind der mathematische Ausdruck von qualitativen Merkmalen, die aus einer Stichprobe von repräsentativen Individuen stammen oder wie Huber Carol (1992) es ausdrückt «jeder der Individuen, aus denen die untersuchte Population besteht, wird durch ein oder mehrere Merkmale beschrieben. Je nachdem, ob die verschiedenen Modalitäten dieser Merkmale natürlich geordnet sind oder nicht, beschreibt man das entsprenchende Merkmal als quantitativ oder qualitativ.»

Wir haben also diese statistischen Berechnungen auf die Vergleichsziffern der Elemente angewandt, die die Hintergliedmaße bilden:

- Länge des Wadenbeins (Fibula) / Länge der Hintergliedmaße F/MP
- Länge des Schienbeins (Tibia) /Länge der Hintergliedmaße T/MP
- Länge der 3. Metatarsale /Fußlänge Mt3 /P

Diese statistischen Studien konzentrierten sich auf 17 Gattungen von Primaten (Platyrrhini, Catarrhini, Cynomorphen, Pongidae und Menschen).

Zusammenfassend ist die Idee dieser Arbeit, dass unabhängig von den verwendeten Mitteln: Untersuchungen von Richtzahlen, verallgemeinerte Abstände, Hauptkomponentenanalyse, aufsteigende hierarchische Klassifikation, allein nur die Proportionen der Hintergliedmaße, und insbesondere die des Fußes genügen, um die Gattung Homo von allen anderen Arten von Primaten zu trennen.

Diese Beobachtung bestätigt, wenn überhaupt noch notwendig, die Wichtigkeit der Bildung des Fußes, der eines der Hauptmerkmale der Hominisierung darstellt.

Wenn man bedenkt, dass der Fuß beim menschlichen Embryo vor seinem 60. Tag der Befruchtung seine entgültige Form besitzt, dass er mit 49 Tagen bereits die zukünftigen Wirbelkanäle aufweist (Mitteilung von Pr Vincent Delmas[13] beim 13. Symposium der Gesellschaft für menschliche Biometrie den 15. November 2006), ist es offensichtlich, dass die Trennung von Menschen und anderen Primaten sehr weit in der Zeit zurückreicht und das diese Art der zweibeinigen Fortbewegung noch älter ist.

Die artikulierende Oberfläche des Schienbeins mit dem Fuß die man wegen ihrer einer Rolle ähnelnden Form Trochlea nennt, ist bei Menschenaffen fast dreieckig, was eine größere Schwingungsweite oder Amplitude der Bewegung des Beines gegenüber dem Fuß ermöglicht als beim Menschen. Diese Gelenkfläche ist beim Menschen nahezu

---

[13] Forschungsdirektor CNRS, Spezialist für die Anwendung mathematischer Gesetze in der Biologie

rechteckig und erlaubt nur begrenzte Bewegungen der Beugung-Dehnung des Fußes gegenüber dem Bein ohne die geringste Möglichkeit einer Drehung des Fußes auf dieser Höhe. Außerdem ist das Fersenbein (Calcaneus) beim Menschen in seinem vorderen Teil nach oben gerichtet und bildet somit den hinteren Pfeiler der Brücke die durch das Fußgewölbe dargestellt wird. Und beim Menschen stützt sich dieser Knochen nach hinten über zwei Höckern ab, einen inneren oder medialen und einen externen oder seitlichen, die die Stabilität auf dem Boden gewährleisten. Bei großen oder kleinen Affen verläuft der Calcaneus horizontal da ihre Füße kein Fußgewölbe besitzen. Mit anderen Worten, der Affen-Calcaneus ruht mit seiner ganzen Fläche auf dem Boden. Aber trozdem ist er nicht so stabil wie der menschliche, weil er in seinem hinteren Teil nur den inneren Höcker besitzt, was dazu führt, dass er sich nach außen dreht. Die Affen gehen durch Drücken auf den äußeren Fußrand, also in *Varus (Auswärtsdrehung)*.

Diese anatomischen Unterschiede sind absolut entscheidend und spiegeln sich in dem Bild der Füße wider die die Fußabdrücke der Australopithecinen geben.
Ich bedaure, dass die Interpretierung der fossilen Knochen von Hominidenfüßen nicht immer direkt mit der reinen Anatomie in Verbindung steht, sondern öfter mit modischen Theorien über die Ursprünge des Menschen.

Vor einigen Jahrzehnten hat der belgische Anatom Serge Frechkop (1894-1967) zwei wichtige Beobachtungen gemacht. Je mehr der Schritt am inneren Fußrand stattfindet, desto mehr entwickelt sich der erste Strahl. Dies ist der Fall beim menschlichen Fuß, anders als diejenigen, die auf ihrem äußeren Rand gehen oder auf Bäumen klettern. Diese neigen dazu, einen kürzeren ersten Strahl zu haben, eine nachweisbare Beobachtung bei den Füßen von Gorillas, Schimpansen, Gibbons und Orang-Utans, da ihre erste Zeh die Kürzeste ist. Zweitens, an der Handfläche der kleinen Affen, die im Vierfüßlerstand auf den Ästen der Bäume gehen, kann man das Vorhandensein eines mit einer Ferse vergleichbaren Kissens feststellen. Serge Frechkop schreibt: «Wenn wir die Hand des Menschen, des Gorillas, des Schimpansen und der Cercopitheciden vergleichen, sehen wir eine Umwandlung der Hand in ein Autopodium[14] welches dazu neigt, die Form eines Fußsohlengängers anzunehmen; Im Gegenteil wird der Fuß durch fortschreitenden Zwischenraum und durch die Gegenüberstellung der ersten Zeh zu den anderen Zehen in gleicher Weise in ein einer Hand ähnelndes Autopodium verwandelt. Der «vierhändige» Zustand erscheint deutlich als sekundär gegenüber dem Zustand «Zweifüßler»; Mit anderen Worten, bei den Primaten erscheint der Vierfüßlergang als ein sekundärer Gang im Vergleich zum Zweifüßler Gang.»

Vergleichende Fußmuskeluntersuchung zwischen Menschen, Schimpansen und Gorillas

Obwohl es einen allen Primaten gemeinsamen Organisationsplan gibt, bestehen zwischen Mensch, Schimpansen und Gorilla anatomische Unterschiede, die eine funktion-

[14] Extremität eines Gliedmaßes: Hand oder Fuß

nelle Bedeutung haben: Ein entwicklungsfähiger Sinn ist schwieriger zu bestimmen (Abb.10)

Der Fuß wird von etwa zwanzig Muskeln mit Namen, die an ihre Wirkung erinnern, mobilisiert, wie zum Beispiel der «Beuger der Zehen», welcher sie biegt, oder der «Peronier», weil er diesem Knochen entspringt und an ihm entlangläuft. Sie werden als «kurz» genannt wenn sie sich in den Fuß einfügen und auch enden, und «lang», wenn ihre Einfügung im Bein stattfindet und ihr Abschluss im Fuß.
Man spricht über «dorsalen Beugemuskel», wenn es um die Aufwärtsbewegung der Zehen geht und Fußsohlenbeugemuskeln bei einer Abwärtsbewegung. «Abduktor» ist ein Muskel, der eines der fünf Metatarsalia abspreizt, eine Phalanx oder eine Zehe.
«Adduktor» zeigt die entgegengesetzte Richtung an, mit anderen Worten er bewirkt eine annähernde Bewegung. Die Einfügungen und Endungen der Muskeln finden auf dem Knochen statt.

Bevor wir uns der muskulären Anatomie des Fußes zuwenden, sind zwei Muskeln des Oberschenkels bei Menschen und Menschenaffen interessant zu vergleichen. Der erste ist der rechte innere Muskel (musculus gracilis), sehr wenig entwickelt beim Menschen, daher auch sein lateinischer Name für schlanker oder feingliedriger Muskel, während er bei Affen sehr kräftig ist. Er beugt das Bein in Richtung Oberschenkel und ist mit zum Klettern erforderlichen Bewegungen verbunden. Der zweite ist der große Adduktor (musculus adductor magnus), der den Oberschenkel näher an das Becken bringt und in seiner Gesamtheit eine ähnliche Morphologie zwischen Mensch und Orang-Utan aufweist, wodurch er sich gegenüber den anderen Anthropoiden unterscheidet.

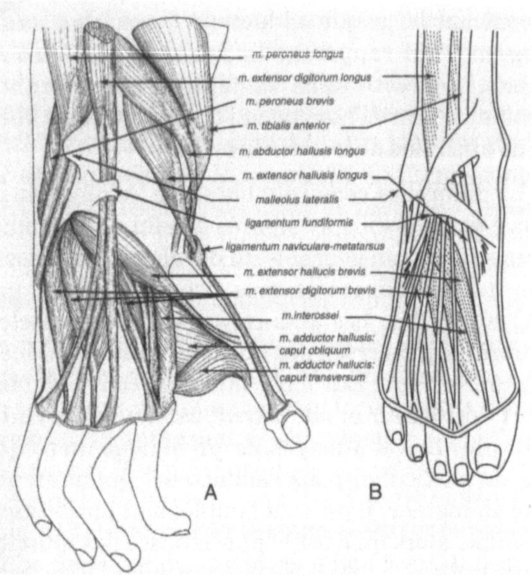

Abb. 10 – Vergleich der oberflächlichen Muskelschichten: dorsale Oberfläche, A Fuß des Schimpansen, B Fuß des Menschen; Fußsohlenseite, C Fuß des Menschen, D Fuß des Schimpansen.

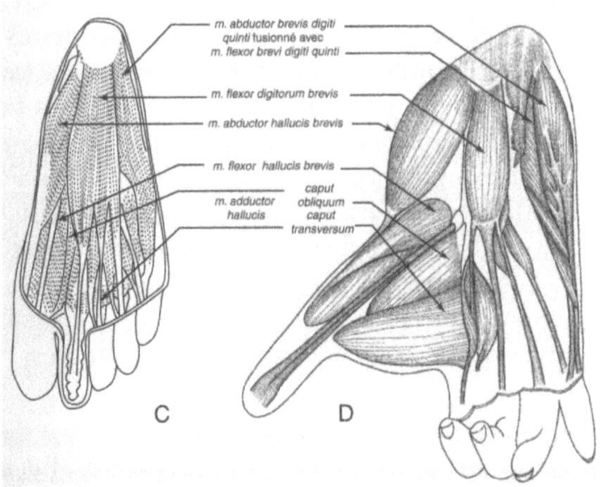

Der bemerkenswerte Unterschied zwischen den Füßen des Schimpansen und des Gorillas, verglichen mit dem des Menschen, ist die beträchtliche Bedeutung der Entwicklung der Muskeln, die den großen Zeh der beiden Menschenaffen mobilisieren (Abb. 10). Die Abduktoren sind Muskeln, die den großen Zeh von den anderen Zehen abspreizt, die Adduktoren bringen ihn im Gegenteil näher zusammen.

Die drei Muskeln, kurzer Abduktor, kurzer Beugemuskel und Adduktor, existieren beim Menschen, sind aber dünner und länglich, was auf eine geringere Rolle hinweist, besonders für den Adduktor. Was den langen Abduktor Muskel betrifft, so ist er beim Menschen einfach nicht vorhanden, während er der Wirksamste aller Muskeln ist die bei dem Schimpansen und dem Gorilla, den großen Zeh gegenüber den vier anderen Zehen abspreizt und bei welchen die gleiche Morphologie und die gleichen Anordnungen zu finden sind.

Der lange Beugemuskel des großen Zehs hat nur ein Ende am großen Zeh des Menschen, während er sehnige Enden zu den Zehen 1, 3 und 4 beim Schimpansen und Gorilla sendet. Dieser Unterschied läst sich bei den Anthropomorphen (menschengestaltigen Affen) durch die Notwendigkeit erklären, dass sie es notwendig haben, die Zehen mit Wirksamkeit zu schliessen wenn sie einen Ast ergreifen dank der Opponierbarkeit der großen Zeh gegenüber den anderen. Der Mensch besitzt nicht diese Möglichkeit. Dafür unterscheidet ihn seine große Zeh den Affen gegenüber, da seine Zeh deutlich kräftiger und länger als die anderen ist.

Der Adduktor ist im Fuß des Schimpansen und des Gorillas ein sehr wichtiger Muskel. Seine Aufgabe ist es, die erste Zehe mit viel Wirksamkeit näher an die Fußache zu bringen. Was unsere eigene Spezies betrifft, so können die beiden Muskelkörper dieses Adduktors, der «Quer» und der «Schräge», manchmal zu Filamenten reduziert werden oder sogar fehlen, was ihre mangelnde Nützlichkeit im Falle der Bipedie beweist. Die mehr oder weniger große Entwicklung dieses Muskels beweist sich als ein wesentlicher Unterschied zwischen dem Fuß des Menschen, reiner Zweifüßler und dem Fuß des Schimpansen, perfekt angepasst an ein Fassen und Halten der Äste während seiner Fortbewegung in den Bäumen.

Ein Wort über den Schienbeinmuskel (tibial) der vom oberen und äußeren Teil des Schienbeins ausgeht, an der Vorderseite von diesem Knochen entlang verläuft und an der Basis des ersten Metatarsales und des ersten Keilbeins beim Menschen endet. Er tritt in gleicher Weise bei Menschen und Schimpansen auf, außer dass er bei Affen auf den ersten Mittelfußknochen endet. Er biegt den Fuß am Bein bei allen beiden Gattungen, hat aber zusätzlich eine Supinationwirkung beim Schimpansen, das heißt, er dreht den Fuß so, dass er die Fußsohle in Richtung Innenseite des Körpers orientiert was für den Affen sehr nützlich ist wenn er sich auf einem Ast bewegt, da seine Fußsohle sich dann gegenüber dem Ast befindet um diesen zu halten.

Der kurze Streckmuskel der Zehen ist beim Menschen wie durch eine dünne Klinge gebildet, welches vier Verzweigungen an die ersten vier Zehen sendet, während sie beim Schimpansen aus zwei verschiedenen Muskelkörpern gebildet wird: dem ersten welcher auf die große Zeh wirkt und dem zweiten für die Zehen 2,3 und 4. Der Unterschied zwischen den Muskeln des Menschen und des Schimpansen ist erheblich. Er ist immer von der gleichen Art, d.h. eine wichtige Entwicklung der Muskeln und Sehnen die den ersten Zeh vom Schimpansen mobilisieren. Die Trennung dieses ersten Strahls ist eine affenartige Eigentümlichkeit, die den Unterschied in der Funktion des großen Zehs bei den zwei Gattungen Mensch und Schimpanse widerspiegelt, man kann es nicht genügend betonen.

Ein kurzer Streckmuskel der Zehen endet auf beiden Fußsohlenseiten der ersten Phalangen der zweiten, dritten und vierten Zehen des Schimpansen und des Gorillas, während er beim Menschen die Zehen 2,3,4 und 5 beugt. Der Grund über diesen Unterschied ist nicht wirklirch klar, da in beiden Fällen die muskulären Teile verwachsen sind und nur die Sehnen welche sich zu ihren Endungen begeben, isoliert sind.

Die oberen Einfügungen der langen Beugemuskeln des großen Zehs und des gemeinsamen langen Beugers der Zehen sind bei Menschenaffen und Menschen ähnlich. Ihre unteren Einfügungen verlaufen auf den Fußsohlen der letzten Phalangen. Beim Menschen endet die Sehne des langen Beugers des großen Zehs nur an seiner zweiten und letzten Phalange und der lange gemeinsame Beuger an den Zehen 2,3,4 und 5, während beim Gorilla und Schimpansen, der Beuger der großen Zeh mit den Sehnen an den Zehen 1,3 und 4 und der lange gemeinsame Beuger an den Zehen 2 und 5 endet. Außerdem gibt es bei diesen Menschenaffen Muskelklingen, die Gegenbeugemuskeln, die die Sehnen der beiden vorigen Muskeln verbinden. Diese Muskeln, indem sie sie verfestigen, steigern ihren Zusammenhalt und drücken ihre Abhängigkeit aus. Die Spezifizierung dieser zwei Muskeln wird nur bei den Menschenaffen und dem Menschen beobachtet, man kann es als ein Zeichen einer Spezialisierung betrachten und vielleicht als einen Schritt in der Evolution, indem es den Zusammenhalt der Elemente des Fußes betont gegenüber der Unabhängigkeit von denen der Hand.

Der lange Peronier hat die gleichen oberen und unteren Einfügungen bei Menschen und Menschenaffen. Die Sehne endet an der Basis, also der hinteren Zone des ersten Mittelfußknochens. Dagegen ist seine Aufgabe ein wenig anders. Er ist sehr kräftig beim Menschen weil er den Fußsohlenbogen unterstützt, aber weniger kräftig beim Schimpansen bei dem er den ersten Zeh den anderen näher bringt.

Was den kurzen Peronier betrifft, so hat er die gleichen Endeinfügungen am hintersten Teil des fünften Mittelfußknochens und die gleiche Abduktion des Fußes, d.h. er richtet den Fuß gegenüber dem Bein auswärts.

Ein anderer Unterschied zwischen dem Fuß des Menschen und dem des Menschenaffen betrifft das Vorhandensein beim Menschen des vorderen Peroniermuskels welcher vom Peronierknochen ausgeht und auf der Basis des fünften Mittelfußknochen endet. Er bewirkt, dass er die äußere Kante des Fußes anhebt und somit gegen die Fußsohle zu wirkt. Dadurch verhindert er, dass die Sohle des menschlichen Fußes sich nach innen richtet um eine Pronation zu behindern; Mit anderen Worten, dieser Muskel neigt dazu, den Fuß in *valgus* zu versetzen, also das Gegenteil vom *varus* der Affen, bei denen dieser Muskel nicht existiert.

Und noch ein Muskel, der das Übergewicht der Aufgabe vom großen Zeh bei den Menschenaffen kennzeichnet, der hintere Schienbeinmuskel, sehr entwickelt bei dem Schimpansen, und welcher am Kahnbein und dem ersten Keilbein endet welche dem ersten Mittelfußknochen vorausgehen. Beim Menschen sendet dieser Muskel Endungen zu den Basen aller Mittelfußknochen, aber auch zum Würfelbein, was den Zusammenhalt des menschlichen Fußes erhöht. Dieser Zusammenhalt tendiert dazu, die fünf Strahlen des Fußes zu einem spezialisierten homogenen Block zu bilden, um diese typische zweibeinige Fortbewegung des

Menschen zu ermöglichen. Man kann sogar beim Menschen eine wichtige Verdickung der Sehne auf der Höhe seiner Einfügung auf dem Kahnbein feststellen, Verdickung in Form eines faserknorpeligen Kerns und sogar manchmal noch einen kleinen zusätzlichen Knochen, Sesamoid genannt der nie bei dem Schimpansen beobachtet wurde.

Ein anderer Unterschied, der im menschlichen Fuß auftritt, ist eine tatsächliche obwohl begrenzte Wichtigkeit, die den fünften Zeh betrifft. Der Mensch hat drei Muskeln welche auf seinen kleinen Zeh einwirken. Der Abduktor, der kurze Beuger und der Opponent der kleinen Zehe (Zeh 5) sind beim Menschen gut individualisiert und sind hinsichtlich ihrer Beschreibung und Benennung nicht zu verwechseln. Diese Bemerkung trifft nicht auf die Anthropoiden zu, bei denen dieselben Muskeln gewöhnlich verschmolzen sind und ihre Wirkung daher nur gleichzeitig stattfinden kann.

Würde diese Wichtigkeit des fünften Zehs beim Menschen ein Überbleibsel des primitiven Fußes sein in dem der kleine Zeh eine größere Selbstständigkeit gehabt hätte als jetzt? Dies ist möglich wenn man bedenkt, dass der zwei Millionen Jahre alte Fuß von Homo habilis (OH8) über eine größere Bewegungsmöglichkeit zwischen den Mittelfußknochen 4 und 5 und dem Würfelbein auf dem sie sich gliedern besaß, eine Tatsache, die bei dem heutigen Menschen nicht mehr vorhanden ist.

Der große Zeh vom Schimpansen ist den vier anderen Zehen opponierbar, Zehenglieder welche zusammenarbeiten.

Man kann ihn einer Zwei-Backen-Klemme vergleichen, wirksam um Äste festzuhalten und die eine echte Spezialisierung darstellt.

Ein menschliches Bein erscheint immer mit einer mehr oder weniger ausgeprägten Wade und einem mehr oder weniger feinen Knöchel, aber jedenfalls immer dünner als die Wade. Die Wade ist hauptsächlich auf die Entwicklung von drei Muskeln zurückzuführen: der zweiköpfige Wadenmuskel oder Zwillingsmuskel und der Schollenmuskel (Soleus-Muskel). Zusammen bilden sie den «Trizeps Sural». Die fleischigen Fasern dieser Muskelnenden gehen ungefähr bis zwei Drittel des Beines und enden in Höhe des Knöchels an den Sehnen. Demnach existiert der Knöchel beim Menschen und ist dünner als die Wade, da er nur durch Wadenbein, Schienbein und die Sehnen der Muskeln gebildet wird die vom Bein zum Fuß heruntergehen. Bei Menschenaffen gibt es keinen richtigen Knöchel, weil das Bein den gleichen Durchmesser vom Knie bis zum Fuß aufweist, was ihnen eine dicke Beinform verleiht. Die fleischigen Fasern der Trizeps-Sural-Muskulatur sowie der lange gemeinsame Beuger der Zehen und der Peronealmuskeln enden tief im Bein bis ab zur Ferse.

Was die Fußsohle anbelangt, die fast vollständige Abwesenheit von Unterhautfettgewebe beim Schimpansen steht im Gegensatz zu seiner beträchtlichen Dicke beim Menschen. Es ist denkbar, dass dieses Gewebe beim Menschen, ein permanenter Zweifüßler, als Puffer für verschiedene anatomische Elemente dient: Knochen, Gefäße, Nerven, Sehnen und Muskeln. Das Gewicht von Menschenaffen, welches bei vierbeiniger Fortbewegung auf vier Stützpunkten ruht, erfordert hingegen keine Fettschicht unter ihren Füßen.

Der Fuß der Menschenaffen welcher einer Hand ähnlich ist (Abb. 11 und 12), und den sie häufiger als ihre wirkliche Hand benutzen, war ein Grund sie lange Zeit als vierhändig (Quadrumane) zu nennen. Im Jahr 1971 schrieb Pierre-Paul Grassé: «der vierhändige Zustand spiegelt eine enge Anpassung an das Klettern wider wobei er gleichzeitig die Isolation der Hominidenlinie betont, die während ihrer langen Entwicklung immer zweihändig geblieben war». Max Westenhöfer behauptete seinerseits seit 1929, dass der menschliche Fuß «einen primitiveren Zustand zeigt, den es unmöglich macht ihn vom Fuß großer Anthropomorphen abzuleiten welcher für ein Baumleben spezialisiert ist». Ich kann nicht genügend beipflichten.

Funktionelle Anatomie

Der Vergleich zwischen dem funktionellen Verhalten des menschlichen Fußes mit dem des Schimpansen liefert folgende Hauptergebnisse:

- in einer horizontalen Ebene betrachtet, die große Muskelmasse die den ersten Strahl (bestehend aus dem Mittelfußknochen und den betroffenen Zehengliedern des Fußes) vom Fuß des Schimpansen betrifft, begrenzt die Annäherung seines ersten Mittelfußknochens an die anderen bei 20°, während beim Menschen der erste Strahl an alle weiteren seitlichen Mittelfußknochen angeschlossen ist. Anders als beim Menschen, der seinen ersten Mittelfußknochen gegenüber den anderen nicht beugen kann, erreicht der Schimpanse einen Wert von bis 60°, wodurch sein erster Zeh den anderen vier gegenüber opponierbar ist. Beim Schimpansen kann die erste Zehenkuppe problemlos leicht den Kopf des fünften Mittelfußknochens erreichen. Immer in einer horizontalen Ebene betrachtet, ist der maximale Spreizwinkel der ersten Zehe 80° beim Schimpansen und 90° beim Gorilla, also rechtwinklig. Beim Menschen ist er praktisch gleich Null: von 5 bis 10°;

- Eine vergleichende Röntgenaufnahme vom Fuß des Schimpansen mit dem des im Profil gesehenen Menschen zeigt, dass der des Affen sich in der Verlängerung des Beins befindet während das menschliche Bein einen rechten Winkel mit dem Fuß bildet. Das Fersenbein des Affen liegt flach auf dem Boden, während das des Menschen um 16 bis18° hochgehoben ist. Wie wir es weiter im Detail sehen werden, bildet das Fersenbein die hintere Säule des Längsgewölbe beim menschlichen Fuß. Dieses Gewölbe existiert nicht im Fuß anderer Primaten. Zu einem Winkel «reduziert», bestehend aus der Basis des Fersenbeins, dem Kahnbein der den Gipfel bildet auf dem ersten Mittelfußknochen endend, bildet dieses Gewölbe im Durchschnitt einen Winkel von 115°. Man betrachtet beim Menschen, dass ein Winkel größer als 120° einem «Plattfuß» entspricht und unter 110° einem «Hohlfuß».

Auf dem im Profil abgebildeten Fuß (Abb.7) hat das Kahnbein vom Schimpansen eine besonder Form mit einem starken Höcker am Fußgewölbe, auf dem der hintere Schienbeinmuskel sich einfügt. Man kann auch die ausgeprägte Krümmung der Gelenkfläche zwischen dem ersten Keilbein und dem ersten Mittelfußknochen bemerken, was die Spreizung des ersten Strahls ermöglicht und erleichtert. Die Orientierung der Knochen von Strahl 1 unterscheidet sich deutlich von den anderen Strahlen, mit der Besonderheit, durch diese umgekehrte Krümmung der Strahlen die Opponierbarkeit der ersten Zehe gegenüber den anderen zuzulassen. Es ist zu notieren, dass solche Opposition auf der Ebene seiner Hand nicht existiert, während wir das Entgegengesetzte beim Menschen beobachten. Die Artikulation zwischen dem Schienbein und dem Talus oder Astragalus des Menschen und des Schimpansen mit Vorderansicht, zeigt, dass die Oberfläche des menschlichen Astragalus einen Winkelwert zwischen 86° und 90° mit der Senkrechten aufweist, repräsentiert durch die Achse des Schienbeins, während der entsprechende Winkel beim Schimpansen etwa 65° beträgt. Folglich, von der Schien- und Sprungbein Ebene an, also zwischen Bein und Fuß, finden wir das Vorhandensein eines entscheidenden Faktors, nämlich eine unterschiedliche Orientierung der Füße gegenüber dem Bein, Orientierung die den Unterschied ihrer Stützen erklärt.

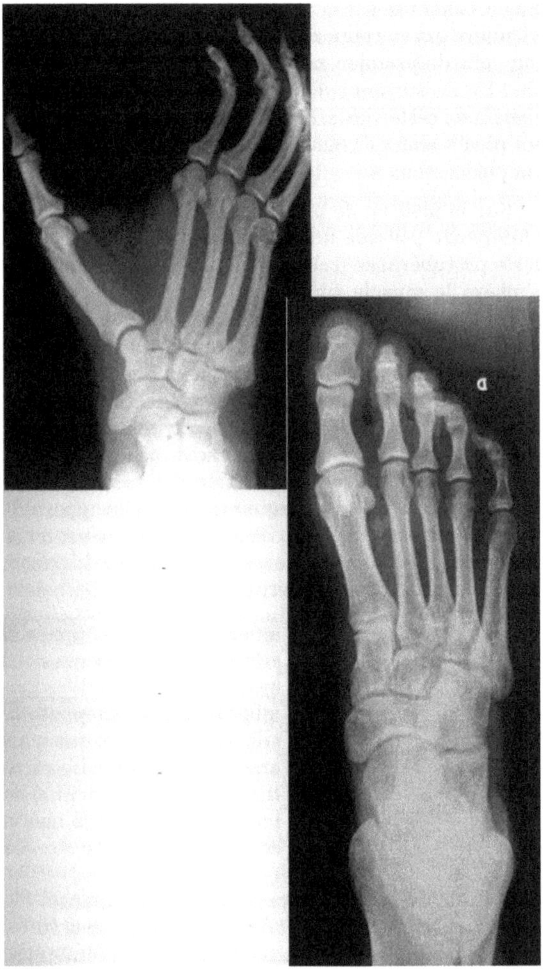

Abb. 11 und 12 - Vergleichende Röntgenaufnahmen des Skeletts vom rechten Fußes eines Schimpansen und eines Menschen. (Klischee Patrice Le Floch-Prigent und Yvette Deloison)

Die Untersuchung des Fußes des Menschen und des Schimpansen mittels des Scanners ermöglicht es, die inneren Strukturen laut den drei Ebenen der anatomischen Schnitten zu kennen, ohne die existierenden Beziehungen zwischen den Knochen und weichen Teilen zu verändern. Wir beobachten unter anderem den Abschnitt der Diaphysen (mittlere Teile der langen Knochen), deutlich abgerundet beim Schimpansen, was man nicht beim Menschen feststellt wo dieser Abschnitt viel langgezogener, fast dreieckig ist. Diese eindeutig dreieckige Form der Keilbeinknochen und die viereckige Basis des Mittelfußknochens kennzeichnen den menschlichen Fuß im Vergleich zu den Affen bei denen die Basis des Mittelfußknochens abgerundet ist.

Funktionelles Endergebnis des Fußes beim Schimpansen im Vergleich zu dem des Menschen.

Die gesamte Schwingungsweite der Beweglichkeit und des Tibiotarsalgelenkes beträgt beim Schimpansen 120° und beim Menschen 70°. Anderseits beträgt die Dehnung der vier ersten Zehenglieder (Phalangen) beim Menschen 80° aber nur 20° beim Affen, dagegen beträgt wiederum die Biegung der Fußsohle (oder Plantarflexion) 30° beim Menschen gegen 110° beim Schimpansen. Was die Interphalangealgelenken betrifft, zwischen der Phalange proximale (P1) und der Phalange mediae (P2), zwischen den Zehen II und V, so ist der Winkelwert der Plantarflexion beim Affen viel größer (zwischen 110° und 150°) als beim

Menschen (80° bis 90°) während die Dehnung beim Menschen etwa 80° gegen nur 20° bis 0° beim Schimpanzen beträgt.

Das funktionelle Endergebnis betont deutlich beim Schimpansen die sehr große Schwingungsweite des Fußes, verglichen mit dem des Menschen. Diese Flexibilität ist für den Affen in seiner Fortbewegung in den Bäumen notwendig und erlaubt es ihm, die Position seines Fußes, insbesondere seiner Zehen, richtig anzupassen, um die Äste zu ergreifen. Bei einem Zweifüßigem Gang (Bipedie) wäre zu viel Flexibilität ein Nachteil, ja sogar eine Schwäche. Tatsächlich trägt der menschliche Fuß im Laufe der Fortbewegung allein das ganze Gewicht des Menschen; Eine gute Stabilität auf dem Boden zu bekommen ist für ihn notwendig, wobei letztere um so sicherer ist, wenn der Fuß durch starke Sehnen aufrechterhalten wird, was die Beugung-Dehnung während des Gehens reduziert.

Postnatales Wachstum

Bei den Primaten notiert man vor allem bei Menschenaffen und Menschen die längsten Wachstumsperioden und besonders die postnatalen Perioden. In den ersten Lebensjahren weisen Affe und Mensch gemeinsame morphologische Merkmale auf, wie beispielsweise der Kopf gerade auf dem Rumpf oder eine glatte und gerade Stirn. Wenn sie älter werden, entwickeln sich ihre spezifischen Merkmale. Die Menschenaffen bekommen unter anderem einen supraorbitalen Wulst, eine sehr fliehende Stirn, ein langes und stark prognathisches Gesicht und einen geneigten Kopf auf der

Wirbelsäule.
Bei der Geburt wiegt durchschnittlich das Baby des Menschen 3,2 kg während das Gewicht von einem Schimpansen-Baby, Gorillas oder Orang-Utans gewöhnlich zwischen 1,4 und 1,6 kg liegt. Im Erwachsenenalter ist der Schimpanse ein wenig leichter als der Mensch, mit einem Durchschnittsgewicht von 40 kg (aber es gibt Männchen von mehr als 70 kg), die männlichen Orang-Utans können 150 kg und die Gorillas 200 kg überschreiten. Der neugeborene Mensch unterscheidet sich von denen der Menschenaffen durch eine dicke Schicht subkutanen Fettes, eine Schicht welche bei Menschenaffen fast nicht vorhanden ist. Die Geburt ist bei Menschenaffen einfacher als beim Mensch. Dies kommt von den größeren Dimensionen des Geburtskanal bei den großen Menschenaffen, verglichen mit der kleineren Größe ihrer Babys. Letztere kommen genau so hilflos und unreif wie neugeborene Kinder zur Welt. Was die Verknöcherung der Neugeborenen betrifft, so sind es die Kleinen des Menschen welche am meisten im Rückstand liegen, dicht gefolgt von den Menschenaffen.

Betrachtet man die Dauer der Jugendzeit vom Ausbruch des ersten bleibenden Zahns bis zum letzten, so dauert sie acht Jahre bei Menschenaffen und ungefähr fünfzehn Jahre beim Menschen. Diese lange Jugend und Unreife bei den großen Primaten spielte sicherlich eine Rolle in ihrer Entwicklung bis zu ihrem Erwachsenenalter. Diese Abhängigkeit des Kindes von der Mutter und den anderen Erwachsenen erlaubt es ihm zu beobachten und zu lernen. In diesen Gruppen findet man eine Entwicklung von erworbenem Verhalten, die viel wichtiger ist als ein bloßes instiktives Verhalten.

Die postnatale Wachstumsrate von Menschenaffen ist schneller als die von Menschen. Männliche Gorillas übertreffen die durchschnittliche menschliche Gewichtskurve im dritten Jahr, Schimpansen im Alter von vier Jahren. Darüber hinaus nimmt das Gewicht ab dem zehnten Jahr bei einem Menschen weiter zu, während der Schimpanse fast das Körpergewicht eines Erwachsenen erreicht hat.

Nur als Information, die morphologischen Unterschiede zwischen Männchen und Weibchen (Geschlechtsdimorphismus) sind beim Schimpansen nicht ausgeprägter als beim Menschen, während sie beim Gorilla und beim Orang-Utan sehr deutlich sind.

Alle Beobachtungen bei Knochen-, Muskeln- und Funktionsanalysen bestätigen die hohe Spezialisierung der drei großen Menschenaffen für eine arboreale Fortbewegung in Bäumen mit Klettern und Schwinghangeln als Hauptbewegungsarten.

Kapitel 4

Der Mensch: seine anatomischen Merkmale

Wie unterscheidet man einen Menschen von einer «Fälschung»?

Eine Reihe anatomischer Merkmale wie Nase, Kinn, Gesäß und Knochen-und Muskelstruktur des Fußes charakterisieren den Menschen und differenzieren ihn von Menschenaffen. Ich werde hier noch andere wesentliche menschliche Elemente untersuchen, bevor ich im nächsten Kapitel auf die in den letzten achtzig Jahren entdeckten fossilen Primaten eingehen werde, die oft als unsere Vorfahren vorgestellt werden, obwohl sie wahrscheinlich nie zu unserem Geblüt gehört haben.

Ich fange beim Kopf an und werde mit den Füßen enden. Der menschliche Kopf hat neben einer relativ großen Schädeldecke eine eher gerade Stirn und ein mehr oder weniger orthognathes Gesicht. «Orthognathisch» bedeutet, dass die Linie die die Basis der Stirn mit dem Kinn verbindet fast senkrecht ist. Außerdem, verglichen mit dem ganzen Kopf, ist das Gesicht proportional klein.

Die Wirbelsäule des Menschen besteht aus dreiunddreißig Wirbeln: die ersten sieben sind Halswirbel (wie bei allen Wirbeltieren), von denen der dem Kopf am nächsten sich mit Bezug auf die mythologische Figur welche die Welt trug, Atlas nennt. Der nächste Wirbel ist der Axis, er dient zur Drehung des Kopfes. In der Tat hat er eine kleine zylindrische Knochenspitze, die Odontoid-Apophyse oder Dorn/Zahn der in den zentralen Raum des Atlas eintritt, der sich um diese Achse dreht. Dann zwölf Brustwirbel, gefolgt von fünf Lendenwirbel und neun bis zehn Beckenwirbel, die das Kreuzbein durch das Verschweißen der ersten vier und Steißbein durch das Verschweißen der letzten fünf bilden.

Die Anzahl der Brust-und Lendenwirbel variiert bei Schimpansen und Gorillas sowie bei Menschen zwischen 16 und 18. Das heilige Bein (Os Sacrum/Kreuzbein) erfasst vier bis acht Wirbel bei den zwei großen Affen, während sie beim Menschen zwischen vier und sechs variieren. Beim Orang-Utan sind es zwischen fünfzehn bis siebzehn Brust-und Lendenwirbel und vier bis sieben Kreuzbeinwirbel.

Die menschliche Wirbelsäule wird durch vier Krümmungen gekennzeichnet: Cervicale, Thorakale, Lumbale und Sakrale. Diese Krümmungen verleihen dem Körper des Menschen während der Fortbewegung Gelenkigkeit bzw. Elastizität. Die Wirbelsäule der Menschenaffen besitzt nur zwei Krümmungen: Thorakale und Lumbale, wobei letztere viel weniger ausgeprägt ist als beim Menschen. Sowohl beim Menschen wie bei Menschenaffen sind die knöchernen Vorsprünge bzw. Apophysen (die kleinen Knochenreliefs, die wir entlang der Wirbelsäule mit den Fingern fühlen können) der post-thorakalen Wirbel nach hinten gerichtet, wie die des Brustkorbes, während bei kleinen Affen wie Makaken oder sich schnell bewegenden Huftieren wie dem Pferd, diese gleichen Apophysen vorwärts gerichtet sind. Diese unterschiedlichen Orientierungen hängen von der Fortbewegungsart ab.

Das Becken aller Primaten besteht von hinten betrachtet durch das Kreuzbein und dem Steißbein und nach vorne aus den beiden Hüftbeinknochen. Jeder Hüftbeinknochen besteht aus dem Verschweißen von drei Knochen: dem Darmbein, gleich darunter dem Sitzbein auf dem wir ruhen wenn wir sitzen, und dem nach vorne gerichteten Schambein. Diese drei Knochen werden erst im Alter zwischen zwanzig und fünfundzwanzig Jahren endgültig verwachsen und verknöchert sein. Bei Menschen ist das Becken proportional größer als bei den Menschenaffen. Seine Hüftbeinknochen biegen sich nach vorne und bilden eine Art Schachtel oder Becken die die Bauchorgane enthält, während bei den Affen die Hüftbeinknochen relativ flach und viel offener sind.

Die Geburt bei Menschenaffen ist einfacher als bei Menschen, weil der Durchlass größer ist und der Fötus kleiner als bei den Menschen. Bei Menschenaffen geht der Kopf des Fötus gerade zwischen dem Steißbein, fluchtrecht in der Achse der Wirbelsäule und dem Schambein; Wir können sagen, dass die Geburt von hinten statt findet, sie ist einfach. Beim Menschen krümmt sich das Steißbein zum Schambein hin und verengt somit den Durchgang für den Kopf des Babys. Der Durchmesser der Beckennöffnung von vorne nach hinten ist im Allgemeinen schmaler als der Querdurchmesser, weshalb in den meisten Fällen der Kopf des menschlichen Fötus sich seitlich dreht, um diesen Durchgang leichter passieren zu können.

Der lumbosakrale Winkel, also zwischen dem letzten Lendenwirbel und dem ersten Sakralwirbel, bildet beim Menschen eine Krümmung von 115° gegen 170° bis 190° bei den Menschenaffen. Tatsächlich ist das Becken des Menschen viel mehr nach hinten geneigt als bei den Menschenaffen bei denen das Becken praktisch in der Verlängerung dieser Wirbelsäule liegt. Dieser Winkel ist besonders wichtig für die Auslegung von Fossilien. Wenn man bei Ausgrabungen den ersten heiligen Wirbel findet, mißt man den gebildeten Winkel durch seine obere und vordere Fläche, eine mehr oder weniger eckige Kante, das Vorgebirge. Dieser ziemlich bei Lucy geschlossene Winkel ließ sagen, dass sie zweibeinig wäre. Es ist in der Tat interessant, aber es reicht nicht, um eine genaue Art der Fortbewegung daraus zu schließen. Sein Winkelwert, obwohl kleiner als der von Menschenaffen, liegt nicht in der menschlichen Variabilität, wie wir in dem nächsten Kapitel über die Australopithecinen sehen werden.

Ich komme zu den vorderen Gliedern. Ihre Länge im Vergleich zu den Hintergliedern bildet ein Verhältnis, das zwischen den drei großen Menschenaffen und dem Menschen, welcher proportional betrachtet die kürzesten Arme und die längsten Beine hat, sehr unterschiedlich. Wenn wir also das Verhältnis zwischen der Länge der Vordergliedmaße relativ zur Länge der Hintergliedmaße berechnen, erhalten wir die Werte des Intermembralverhältnis: es beträgt 107% beim Schimpansen, 117% beim Gorilla und 144% beim Orang-

Utan. Dieses Verhältnis ist also bei den drei Menschenaffen größer als 100%, da ihre Arme länger als ihre Beine sind, während beim Menschen die Werte mit 70% umgekehrt sind. Offensichtlich ist der Orang-Utan am besten für das Schwinghangeln geeignet.

Der Mensch, mit seinen kurzen Armen und langen Beinen, hat viel mehr Schwierigkeiten, sich in den Bäumen fortzubewegen......Außerdem ist die Muskulatur der Arme sehr stark bei den Menschenaffen, während beim Menschen besonders die unteren Glieder entwickelt sind.

Betrachten wir jetzt die Hand. Die der Menschenaffen ist sehr darauf spezialisiert, sich an Ästen zu hängen oder sich daran zu halten. Vergessen wir nicht, dass, wenn sie an einem Ast hängen, die Finger der Menschenaffen zwangsweise gekrümmt sind. Die Tatsache zum Beispiel, dass Daumen und Finger bei ihnen nicht opponierbar sind, zwingt den gemeinen Schimpansen den Zeigefinger seiner zwei Händen zu benutzen um einen kleinen Gegenstand zu fassen. Im Gegensatz dazu ist die Hand des Menschen anatomisch betrachtet sehr primitiv geblieben mit einer strahlenförmiger Symmetrie, das heißt, dass sie durch das Abspreizen der Finger Teil eines Kreises bildet, dessen Finger die Strahlen sind, genau wie die Vorderglieder bei den früheren Tetrapoden. Dieser Mangel an anatomischer Spezialisierung hat seine Vielseitigkeit bewahrt. Diese Primitivität wird von allen Anatomen und Anthropologen einstimmig anderkannt. So schreibt zum Beispiel John Russel Napier (1917-1978), englischer Arzt und Zoologe, in seinem Buch *Hands*:«Die Grundstruktur der Hand ist seit mehr als zweihundert Millionen Jahren unverändert geglieben. [.....]

Die Hand des Menschen zeigt eine außerordentliche Primitivität.» Jean Delprat, französischer Chirurg, schreibt 1993 in den *Archäologieakten*: «Die Affenhand bietet heute morphologische Entwicklungen, die wichtiger sind als jene, die man an der Hand des Menschen, Meisterstück einer Nicht-Spezialisierung finden kann.» Der französische Anthropologe Jean-Louis Heim schrieb 1988 in seinem Buch Vom Tier zum Mensch: «Die Hand hat in ihrer anatomischen Struktur die Pentadaktyle Anordnung der primitiven Säugetiere mit fünf länglichen Fingern, zwei Phalangen mit dem Daumen und einer Symmetrieachse die durch den dritten Strahl verläuft.». Jean Piveteau schrieb 1983 in Ursprung und Schicksal des Menschen: «die Hand, welche die primitive tetrapodische Anordnung.....»

Die Hand ist pentadaktyl, d.h. sie hat fünf Finger wie die meisten Tetrapoden oder primitiven Säugetiere und die Mehrheit der heutigen Säugetiere. Wenn sie von den Vorfahren des Menschen für eine bestimmte Funktion wie Anlehnung oder das Schwinghangeln verwendet worden wäre, hätte sie notwendigerweise die Spur in ihren Proportionen oder Form ihrer Knochen behalten, aber das ist nicht der Fall. Die menschliche Hand war nie eine Pfote! Wir müssen uns an diese entscheidende Gegebenheit der Anatomie erinnern. Vergessen wir nicht das Gesetz der Unwiderruflichkeit der Evolution (Dollos Gesetz), das einem Organ verbietet seine ursprüngliche Form wieder zurückzuerlangen nachdem es sich in eine bestimmte Richtung entwickelt hat. Unzureichend berücksichtigt von den gegenwärtigen Theorien über den Ursprung des Menschen, keine einzige gültige Theorie dürfte es ignorieren. Notieren wir die große Empfindlichkeit der menschlichen Hand, was auch erklärt warum sie einen wichtigen Bereich des Gehirns einnimmt. Beachten wir auch, verglichen mit dem Rest des Körpers, dass die verschiedenen Gesichtsteile in der Hand weitgehend vertreten sind. Der Daumen ist jedem anderen Finger opponierbar, was bei Menschenaffen mit ihrem relativ kurzen Daumen nicht der Fall ist. Einige Bonobos besitzen diese Fähigkeit, zumindest mit dem Zeigefinger.

Was die vorderen Gliedmaßen betrifft, so ist die Gelenkfläche des Schulterblattes (scapula) mit dem Oberarmknochen bei den Menschenaffen nach oben gerichtet, so dass sie mit einer großen Leichtigkeit die Arme benutzen können um sich an Äste zu hängen. Diese Oberfläche ist seitlich orientiert beim Menschen der keine Brachiation oder ein Schwingangeln (Fortbewegung nur mit den Armen) anwenden kann.

Das untere Gliedmaß besteht aus dem Oberschenkelknochen, Schienbein und Wadenbein (Fibula) also Bein-und Fußknochen. Der Oberschenkelnkochen ist der größte Knochen des menschlichen Skeletts. Nach oben ist er über seinen runden Kopf in einer Aushöhlung des Beckens, die sogenannte Beckenpfanne oder acetabulum, an der Unterseite durch eine Trochlea (ihre Form ähnelt der einer Winde) mit zwei Kondylen (konvexe und abgerundete Gelenkflächen), eine interne und eine externe, die auf der Schienbeinplatte rollen, verbunden. Die untere Extremität des Schenkelbeins mit voran der Kniescheibe und die obere Extremität vom Schienbein sowie die des Wadenbeins bilden das Kniegelenk.

Anatomie des Oberschenkels und des Schienbeins beim Menschen. Liste der Muskeln, in Verbindung mit der automatischen Aufrechterhaltung der Zweibeinigkeit (Bipedie).

Beim Menschen bildet der Oberschenkelkopf durchschnittlich einen Winkel von 130° mit der Längsachse des Oberschenkels. Die Achse des Oberschenkels hat eine Schräge gegenüber seinem unteren Ende von etwa 175°.

Das obere Ende vom Schienbein (Tibia), der Knochen des Beins, ist oben relativ flach, mit seinem Schienbeinplateau welches in zwei leicht konkave Teile (Höcker) unterteil ist, die als Gelenkknorren (Kondylus) bezeichnet werden: ein äußerer und ein innerer, auf denen die beiden Oberschenkelknorren sich gliedern und das bikondyläre Gelenk bilden. In der Mitte des Schienbeinplateaus befinden sich zwei kleine Knochenerhebungen, die sogenannten Schienbeinstacheln, einen äußeren und einen inneren. Die Knochen eines normalen, nicht-pathologischen Knies werden durch einen großen Satz von Bändern gehalten, die nur eine Vorwärts-Rückwerts-Bewegungen des Beines relativ zum Oberschenkel erlauben, das heißt eine Beugung-Streckung wobei der Bewegungsbereich des Winkels durchschnittlich 130° beträgt. Der Körper des Knochens, der dem oberen Ende folgt, verjüngt sich allmählich und flacht in einer Querrichtung ab, dann erweitert er sich in seinem unteren Teil an seinem unteren Ende.

Im hinteren Teil des oberen Ende vom Wadenbein (Fibula) befindet sich die Peronealfacette oder Wadenbeingelenkfacette, die oval und nach unten und hinten gerichtet ist. Dies ist der Bereich des oberen Gelenks vom Wadenbein, das folglich keinen Kontakt mit den anderen Knochen des Knies hat. Man geht davon aus, dass das obere Ende des Wadenbeins aus zwei Teilen besteht: dem pyramidenförmigen Kopf des Wadenbeins und dem Hals des Wadenbeins, ein verengtes Teil, das den Kopf mit dem Körper des Knochens verbindet. Der Kopf des Wadenbeins ist mit dem Schienbein durch eine flache, abgerundete oder ovale Facette an der oberen Innenseite des Kopfes verbunden. Der Körper des Knochens ist viel dünner als die beiden Enden die er verbindet. Die Innenseite, gelenkartig an ihrem oberen Teil und an das Schienbein angrenzend, ist in einer Rinne eingebettet. Ihr unterer Teil weist eine dreieckige Facette auf, die mit dem äußeren Teil der Astragalischen Winde (Trochlea), d.h. mit der Außenfläche des Sprungbeins (Talus) gelenkig verbunden ist.

Der aufrechtstehende Mensch, in einer statischen Stellung, zieht Nutzen von einer Reihe von Muskeln, deren Funktionsweise automatisch ist. Ausgehend vom Kopf und bis zum Fuß finden wir: den Muskel sternocleidomastoideus (großer Kopfwender), den Splenius und den großen Complexus, die den Kopf halten, die Rückenmuskeln entlang des Rückens, an der Vorderseite des Körpers, den großen Bauchmuskel, auf gleicher Höhe zwischen diesen beiden Gruppen von Muskeln, den Iliopsoas, die sehr entwickelten Gesäßmuskeln des Menschen, besonders der große Gesäßmuskel, dann an der Rückseite der Oberschenkel, den Bizeps, an der Vorderseite des Oberschenkels der Oberschenkel quadrizeps, am Hinterbein der Trizeps sural, vorne der vordere Tibialis, der am Fuß des ersten Mittelfußknochens und des ersten Keilfußes befestigt ist (beim Schimpansen nur auf Keilbein begränzt) und an der Rückseite des Fußes die Achillessehne, die an der hinteren Fläche des Fersenbeins (calcaneus) ansetzt.

Die Kniescheibe (patella), die sich wie ein ein kurzer, dreieckiger Knochen mit einer unteren Nasenwurzel darstellt, befindet sich an der vorderen Oberfläche des unteren Endes des Oberschenkels, d.h. vor dieser Art von Winde, welche man die Oberschenkel Trochlea nennt. Die Knochen eines normalen, nicht-pathologischen Knies werden durch einen großen Satz von Bändern gehalten, die nur eine Vorwärts-Rückwerts-Bewegungen des Beines relativ zum Oberschenkel erlauben, das heißt eine Beugung-Streckung. Es ist unmöglich, das Bein im Verhältnis zum Oberschenkel zu drehen, was die vielen Unfälle erklärt, die während der Ausübung eines Sports auftreten, wie Skifahren, was die Knie stark beansprucht. Das untere Ende des Schienbeins oder Tibia ist durch ein Gelenk an der Trochlea des Talus angekoppelt, was der oberen Seite des Talus und einem Teil der inneren (oder medialen) Seite der Schienbeinfacette entspricht. Es ist der untere Teil vom Schienbein, der den kleinen inneren knöchernen Höcker des Knöchels bildet, den man als internen oder tibialen Malleolus bezeichnet.

Das untere Ende des Wadenbeins, der zweite Beinknochen, bildet einen starken Vorsprung mit einem rhombischen Aussehen, leicht nach außen orientiert. Es ist der äußere Malleolus, ein kleiner Knochenhöcker außerhalb des Knöchels, in einer niedrigeren Lage als der innere Malleolus. Wie die anderen Primaten ist der Mensch ein Sohlengänger, d.h. während des Gehens und noch mehr in einer statischen Stellungsnahme, drückt er mit der Fußsohle auf den Boden. Dies gilt auch für Bären, aber es existieren Unterschiede. Die Verteilung der Druckkräfte unterscheidet sich je nachdem, ob es sich um Menschen, anderen Primaten oder Bären handelt. In der Tat ist beim Menschen die Fußsohle mit dem Boden in Berührung durch die Oberfläche der Ferse, die seitliche Zone des Fußgewölbes, die vordere Zone des Fußes und die untere weiche Gewebemasse der Zehenglieder. Sein Gewicht verteilt sich ungefähr gleichmäßig auf diese Stützungsbereiche. Beim Affen berührt die ganze Sohle des Fußes den Boden und gibt damit einen fast vollständigen Abdruck oder Fußspur. Aber die Stütz- oder Druckpunkte finden im wesentlichen auf dem äußeren Rand des Sohle statt, so das man von einem *varus* (Klumpfuß) Gehen spricht. Der Bär, der ja ein Sohlengänger ist, kann leicht eine aufrechte Haltung einnehmen, hebt aber häufig seine Ferse, auch wenn er nicht geht.

Während seiner Fortbewegungen auf dem Boden sagt man, dass der Mensch Schritte macht. Ein Schritt ist der Abstand zwischen den beiden Füßen während des Gehens. Die Begriffserklärung des Schrittes der von den Spezialisten des Gehens wie der Franzose Eric Viel gegeben wird, entspricht zwei Schritten. Das, was in Wörterbüchern konventionnel angegeben wird und ich auch anwende, ist die Entfernung die zwischen dem rechten Fuß und dem linken Fuß beim Gehen zurückgelegt wird: die durchschnittliche Länge des menschlichen Schrittes beträgt ungefähr 70 Zen-

timeter.
Der Mensch ist in der Lage, sehr lange bewegungslos zu stehen, weil er eine Muskulatur hat, deren Funktionsweise automatisch ist, verteilt vom Kopf bis zu den Füßen. Dank diesem besonderen System, sowohl nervös als auch muskulös, können Menschen strammstehen bleiben. Dieses letzte Verhalten ist für die Menschenaffen unmöglich. Wenn der Mensch rennt, ist er nicht mehr ein Sohlengänger, aber semi-Zehengänger. Dann setzt er seinen Fuß nur über die Zehen und Köpfen der Zehenglieder auf den Boden. Der Mensch hat zwei Hauptarten der Fortbewegung: Sohlengänger während des Gehens und semi-Zehengänger während der Rennens.

Wir dürfen bestimmte, für die Fortbewegung notwendige gemeinsame Bedingungen bei Tieren nicht vergessen. Ich meine das Nervensystem, das entweder willkürliche Bewegungen des Gehirns oder Reflexbewegungen des Rückenmarks kontrolliert. Die Fußsohlen sind reich an Sensoren, die uns über die Qualität des Bodens, auf dem wir uns bewegen, informieren. Das vestibuläre System im Innenohr informiert uns über unser Gleichgewicht und ermöglicht uns, es im Notfall wiederherzustellen, dabei durch Sehen unterstützt, ein weiterer wichtiger Faktor für unser senkrechtes Stehen.

Das vestibulare System des Innenohrs umfasst drei halbkreisförmige Kanäle. Im Mai 2002 verglichen die Anthropologen Fred Spoor vom University College London und Frans Zonneveld von der Universität Utrecht ihre Dimensionen zwischen Menschen, Menschenaffen und Australopithecinen (einschließlich «Mrs Ples», 3,5 Millionen Jahre, Sterkfontein, Südafrika). Sie fanden heraus, dass der Mensch im Vergleich zu Menschenaffen einen größeren vertikalen halbkreis Kanal und einen kleineren seitlichen halbkreis Kanal hat. Bei Australopithecus Africanus (einschließlich «Mrs Ples») ähnelt die Morphologie der halbkreisförmigen Kanäle sehr der der Menschenaffen. «Die Figur des Ohrlabyrinths von «Mrs Ples», sagen sie, widerspiegelt den überwiegenden Affencharakter der Architektur der Schädeldecke und der Gehirnentwicklung dieses Hominiden.»

Wer unter den fossilen Menschen hat Anspruch auf den Namen Mensch?

Die Merkmale bzw. Eigenschaften des menschlichen Skeletts sind bei fossilen Menschen nur teilweise zu beobachten, weil sie selten vollständig sind. Bestimmte anatomische Merkmale, die man auf Teilen fossiler Skelette findet, ermöglichen jedoch eine Zuordnung die mit einer hohen Wahrscheinlichkeit, genau zu sein scheint. Wenn sie keine genaue Bestimmung angeben, liefern sie wesentliche Informationen darüber, was nicht existieren konnte.

Die ältesten Überreste, die den Namen Mensch trugen – Gattung *Homo* auf lateinisch – wurden 1960 in Tansania in der Olduvai Schlucht gefunden. Sie bestehen aus Handknochen, einem Unterkiefer und einem fast vollständigen Fuß. Diese fossilen Knochen, aufgezeichnet als OH8 (Olduvai Hominid 8), wurden auf zwei Millionen Jahren datiert (Abb. 13).

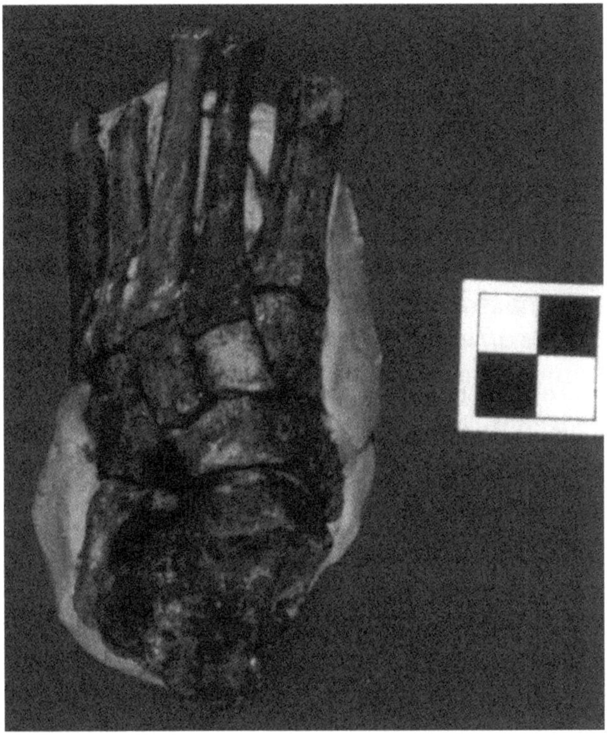

Abb. 13 – Fossiler Fuß OH 8, 2 Millionen Jahren alt, Klischee Y. Deloison

Dann wurden 1972 in der Lagerstätte östlich des Turkanas See (ehemals Rodolphe Lake) im Norden Kenias ungefähr hundert Knochen des selben Schädels gefunden, bekannt als OH8[15] „KNM ER 1470 früher mit *Homo habilis* ver-

[15] OH 8 = Olduvaï Hominid 8.

KNMER 1470 = Kenya National East Rudolp

bunden (OH 8, entdeckt von Dr. Leakey 1972), und heute als Homo rudolfensis eingestuft. Ich behaupte, dass dieser Schädel einem Homo und nicht einem Australopithecus gehörte. Ein typischer etwas gebogener Nasenknochen, leicht hohl an der Basis wie bei Homo. Niemals wird man bei einem Australopithecus solch einen hervorgehobenen und an seiner Basis konkaven Nasenknochen finden." Diese Knochen, einmal gesichert, wurden sofort unter dem Namen *Homo habilis* (geschickter Mensch) berühmt, da man in den selben Schichten in denen die Überreste gefunden wurden, behaute Werkzeuge gefunden hatte. Die Kapazität dieses Schädels wurde auf 775 cm^3 geschätzt, gegenüber den 500 cm^3 die man den Australopithecinen zurechnet. Aufgrund der großen Anzahl von Knochenfragmenten in diesem Schädel, ist es schwierig, den Grad des Vorsprungs des Gesichts genau zu bestimmen. Es scheint den letzteren *Homo* überlegen zu sein. Außerdem ist das Nasenbein deutlich konkav, was die Existenz einer Nase beweist, ein *ausschließlicher menschlicher Appendix.*

1983 habe ich die Fußknochen von diesem *Homo habilis* OH 8 untersucht welcher eine Reihe von Merkmalen darstellt, die denen des heutigen Menschen sehr nahe kommen. Es bleiben die Tarsusknochen, bei denen der hintere Teil vom Fersenbein fehlt und die fünf Zehenglieder oder Metatarsale deren vordere Extremitäten fehlen. Ich habe den Fuß wieder montiert in dem ich die Knochen wieder in ihre funktionelle Lage brachte. Sie zeigen eine Figur die der einem gegenwärtigen menschlichen Fuß sehr ähnlich ist, einschließlich eines langen und breiten Tarsus von dem jeder Knochen eine sehr moderne Morphologie hat, ohne Möglichkeit der Drehung des ersten Mittelfußknochens gegenüber dem ersten Keilbein, im Gegensatz zu den großen Menschenaffen oder Australopithecinen, ein dickes Kahnbein, ein Parallelismus der fünf Mittelfußknochen mit Kontakt zwischen dem ersten und zweiten, bewiesen durch die Anwesenheit einer Facette, und eine spezifisch menschliche hintere Einrückung des zweiten Mittelfußknochens, gegenüber zu den ersten und dritten. Die kräftigsten Metatarsalia oder Mittelfußknochen sind die ersten und fünften, wie beim Menschen. Darüber hinaus fand ich einen Bewegungsbereich der Mittelfußknochen vier und fünf, verglichen mit dem Würfelbein, die mir unseren eigenen Möglichkeiten überlegen scheint. Ein sehr interessantes Merkmal, weil es sich als archaisch erweisen könnte. Wäre dieses Merkmal von seinen Vorfahren ererbt worden, Vorfahren, deren erste Zeh den anderen näher gelegen wäre und deren vierte und fünfte Zehe, mehr abgespreizt als unsere Zehen die Fußfläche auf dem Boden vergrößert hätten, also umgekehrt als was man bei den Menschenaffen feststellt?

Schließlich zeigt dieser Fuß die Anwesenheit eines echten länglichen Fußgewölbes, ein ausschließliches menschliches Merkmal. Ich habe diesen Fuß 1983 untersucht, dreiundzwanzig Jahre nach seiner Entdeckung, und zu meiner Überraschung bemerkte ich, dass eins der Keilbeine immer noch beidseitig mit erdiger Gangmasse überzogen war. Jetzt versand ich auch, warum die Forscher, die es ab einem Abguss welches zuvor von einem berühmten amerikanischen Fachhaus auf der ganzen Welt verbreitet geworden war, beschrieben hatten, kein eindeutiges Fußgewölbe gefunden hatten und demzufolge eine Verwandschaft mit dem heutigen Menschen verweigerten. Den Knochen einmal gereinigt, konnte ich diesen Fuß problemlos zurechtrücken da seine Knochen eine sehr gute Übereinstimmung zeigten. Im Vergleich zu uns, scheint *Homo habilis* eine größere Beweglichkeit des Fußes gegenüber dem Bein gehabt zu haben. Somit wären diese *Homo habilis* die ältesten Menschen von mindestens zwei Millionen Jahren, mit einem runden Kopf, einem ziemlich kleinen Gebiss mit Schneidezähnen und Eckzähnen, einen ziemlich hohlen Gaumen, Jochbögen bzw. Wangenknochen, ein relativ flaches Gesicht, obwohl weniger vertikal als bei uns, sicherlich eine Nase, angedeutet durch die Form des Nasenbeines und schließlich Hände und Füße welche denen der gegenwärtigen Menschen nahe liegen. In einigen Texten findet man an Stelle von *Homo habilis* für das Exemplar KNMER 1470 der Begriff *Homo rudolfensis*.

Die ersten fossilen Knochen, die 1891 in Asien auf der Insel Java entdeckt wurden, enthielten einen sehr modernen Oberschenkelknochen, den man *Pithecanthropus erectus* (stehender Menschenaffe) genannt hatte. Später dem *Homo erectus* zugeschrieben, hat man diese Knochen auf zwischen 1,7 Millionen und 400.000 Jahren datiert. Seit ihrer Entdeckung wurden dieser Gruppe viele Schädel zugeschrieben, von denen nicht nur in Asien, sondern auch in Afrika und Europa Exemplare gefunden wurden. *Homo erectus* hat einen relativ niedrigen Schädel, sehr dicke Knochen, starke Augenwülste über den Augenhöhlen, Abflachung der Stirn-und Nackenbereiche und untere und obere Gliedmaßen sehr menschlicher Morphologie. Ihre

Größe liegt in der Variabilität des heutigen Menschen. Der Ausdruck *Homo ergaster* wird manchmal dem afrikanischen *Homo erectus* gegeben.

Schließlich wurden die Neandertaler, deren erster Schädel 1856 in Deutschland gefunden wurde, zwischen 200.000 und 20.000 Jahren datiert. Sie zeichnen sich durch eine eher niedrige Stirn, Augenwülste über die Augenhöhlen, einen vorspringenden Nasenbereich im Vergleich zu den schwer fassbaren Wangenknochen, eine nach hinten gerichtete Schädelhöhle und einen wulstigen Hinterhauptbereich. Ihre Schädelkapazität ist unserer vergleichbar oder sogar größer, ihre Statur ein wenig kleiner und ihre Knochen sehr robust. Über den Grund ihres Verschwindens ist man sich uneinig. Die Genetik liefert derzeit keine zuverlässige Informationen über die mögliche Beziehung zwischen Neandertalern und Cro-Magnon-Menschen (siehe den Tag der Paläogenetik, organisiert vom CNRS, 26 Juni 2002).

Eine andere menschliche Gruppe, mit einer Morphologie die sich ein wenig von den heutigen Europäern unterscheidet, hätte Europa vor 40.000 Jahren besiedelt, und diese *Homo sapiens* wären unsere direkten Vorfahren. Die bekanntesten sind die Cro-Magnon, von denen die ersten in Frankreich in der Dordogne entdeckt wurden. Die Cro-Magnon haben einen hohen Wuchs, einen hohen relativ schmalen Schädel, niedrige und rechteckige Augenhöhlen, hervortretende Wangenknochen und einen kräftigen Unterkiefer.

Homo habilis und/oder Rudolfensis
vor 2 Millionen Jahren
Homo erectus
1,7 MJ bis 400 000 Jahren
Homo neanderthalensis
200 000 bis 20 000 Jahren
Homo sapiens
40 000 bis jetzt

Zusammenfassend werden in den Menschlichen speziens *Homo habilis*, *Homo erectus* und *Homo sapiens* mit den Neandertalern (*Homo neanderthalensis*) akzeptiert.

Bevor ich mich den in den letzten Jahrzehnten entdeckten Hominiden (wiss. Hominidae) zuwende, muss ich darauf hinweisen, dass mir die Gelegenheit gegeben wurde, die erste Untersuchung über ein Fersenbein (Calcaneus) von 2,2 Millionen Jahren aus dem Omo-Tal in Äthiopien durchzuführen, sowie auch ein Sprungbein (Astragalus) aus der gleichen Quelle, kaum jünger, und von Yves Coppens in den Jahren 1974 und 1976 entdeckt. Unter anderem die nach unten gerichtete Ausrichtung der würfelbeinischen Gelenkfläche des Fersenbeins, schlägt die Existenz eines Fußgewölbes vor. Dieses letzte anatomische Merkmal ist eine Besonderheit des menschlichen Fußes. Was das Sprungbein (Talus) betrifft, so liegen die Orientierungswinkeln des vorderen Teils nahe denen des menschlichen Knochens (Drehungswinkel:40° und Winkel zwischen dem Kopf und dem Körper des Knochens: 153°). In Südafrika konnte ich auch die erste Fußknochenuntersuchung durchführen, Fußknochen die Ron Clarke am Standort Sterkfontein freigelegt hatte. Unter den etwa dreißig beobachteten Knochen zeigen ein Fersenbein (Calcaneus) und drei Mittelfußknochen (Metatarsalia) anatomische Merkmale auf, die denen eines zweibeinigen Fußes nahe kommen. Basierend auf Studien von zweibeinigen fossilen Knochen aus Hadar in Äthiopien (Senut und Tardieu, 1985), dem östlichen Rudolph in Kenia, Olduvai in Tansania und Sterkfontein in Südafrika, kann ich daraus schließen, dass es von Norden nach Süden von Afrika vor mehr als zwei Millionen Jahre Wesen gab die eine zweibeinige Fortbewegung (Bipedie) mit einem Fußgewölbe praktizierten welche der heutigen Menschen nahe kam. Ich schreibe ihnen die Gattung *Homo* zu.

Die anatomischen Beobachtungen am menschlichen Skelett, unter anderem mit einem hochspezialisierten Fuß, zeigen die Besonderheit von dem permanenten zweifüßigen Gang (permanente Bipedie), eine Exklusivität des Menschen.

Kapitel 5

Die Australopithecinen: Die Großen Ausgestorbenen Affen

Die Australopithecinen bilden die dritte Gruppe der Hominidae. Seit etwa einer Million Jahren verschwunden, sind sie nur durch fossile Knochen und Fußabdrücke bekannt. Mit den neuesten Entdeckungen gehen sie noch weiter in die Vergangenheit zurück, da die letzten Datierungen auf sechs Millionen Jahren zurückgehen. Ihr Name bedeutet «Südafrikanischer Affe».

Der allererste Schädel mit diesem Namen wurde 1924 in Südafrika, Taung, von Professor Raymond Dart gefunden. Er wurde nicht sofort von der wissenschaftlichen Gemeinschaft als Vertreter einer neuen Gruppe von Primaten anerkannt, bis zur Entdeckung mehrerer anderer Überreste in verschiedenen Teilen Afrikas. Man kann folgende Arten in Betracht nehmen: *Australopithecus afarensis*, als primitiver betrachtet, *Australopithecus africanus*, manchmal auch feingliedriger Australopithecus genannt, da seine Knochen dünner als die von *Australopithecus robustus* oder *Paranthropus* sind oder auch noch *Australopithecus boisei*, größer und stärker, daher auch manchmal sein Name robuster Australopithecus.

Die Anthropologen Brigitte Senut vom Nationalmuseum für Naturgeschichte und Dominique Gommery vom CNRS sowie der Geologe Martin Pickford vom Collège de France haben 2001 an vier Standorten in Kenia eine Reihe fossiler Knochen gefunden deren Datierungen auf sechs Millionen Jahren zurückführten. Sie sind die ältesten bekannten Überreste von Hominiden und zweifellos von großem Interesse. Unter diesen Knochen befinden sich drei unvollständige Oberschenkelknochen und eine Phalange proximale der Hand. Die Phalange besitzt eine ausgeprägte Krümmung und mußte eher einem baumartigen Wesen angehört haben. Einer der Oberschenkel, vollständiger als die anderen, hat den Oberschenkelkopf, den Hals und zwei Drittel der Diaphyse. Die Autoren zogen folgende Schlußfolgerungen: «Postkraniale Überreste deuten darauf hin, dass *Orrorin tugenensis* (Name für dieses Fossil) bereits an eine Bipedie (zweifüßiger Gang) angepasst war (auf eine andere und menschlichere Art als die Australopthecinen), wobei *Orrorin* sich noch behend in Bäumen verhielt.» Ich persönlich denke, dass er nicht «schon» an die Bipedie angepasst war, sondern Spuren einer ursprünglichen Bipedie noch aufweist. Älter als Lucy, ist er seinen Vorfahren näher und daher auch logischer Weise weniger spezialisiert als seine Nachkommen. Da wo ich überhaupt nicht mehr zustimme, ist die Tatsache, dass dieser berühmte Orrorin als Ursprung der menschlichen Linie dargestellt wurde. Unter seinen Merkmalen, die denen des Australopithecus nahe liegen, misst der Winkel des Schenkelhalses mit dem Oberschenkelknochen zwischen 120° und 121°, was genau dem Wert des Oberschenkelknochens der Australopithecinen entspricht. Der durchschnittliche Wert beim zweibeinigen Menschen beträgt 130°.

Michel Brunet und seine Mitarbeiter veröffentlichten in der

Zeitschrift *Nature* im Juli 2002 die Entdeckung eines neuen Hominiden namens Toumai («Hoffnung des Lebens» auf goranisch) im Norden des Tschad; es ist der Name für Kinder, die vor der Trockenzeit zur Welt kommen. Dabei handelt es sich um einen fast vollständigen Schädel, zwei Fragmente eines Unterkiefers und drei einzelne Zähne. Es wurde kein Überbleibsel von einem Glied gefunden. Dieser neue Hominide, der an der Oberfläche eines Wüstenbodens entdeckt wurde, stammt aus dem oberen Miozän, vor etwa 7 Millionen Jahren. Die Datierung erfolgte an Hand der umgebenden Fauna, bestehend aus Wasser-und Amphibien-Wirbeltieren sowie mit Galerienwäldern, Waldsavannen und Graslandschaften verwandten Arten. Dieses Fossil ist mit primitiven Säugetieren wie Fleischfresser, Elefanten, dreifingrigen Pferden, verschiedenen Wiederkäuern, Nilpferden, Anthracochären (Schwestergruppe von Flusspferden), Nyanzachoerus (sehr große Wildschweine), Nagetiere und Affen verbunden. Laut den Entdeckern besitzt der Schädel «ein ursprüngliches Mosaik aus primitiven und abgeleiteten Merkmalen die es ermöglichen ihn nahestehend als den gemeinsamen Vorfahren der Schimpansen und Menschen zu betrachten, sowohl als auch ein Vorfahr jüngerer Hominiden ». Er würde keinem der bereits entdeckten fossilen Hominiden ähneln. Der sehr zerdrückte Schädel mit einer starken Augenwülste, besitzt eine schwachen Schädelkapazität (ungefähr 350 cm^3) vergleichbar mit der Kapazität der heutigen Schimpansen. Trotz eines schlechten Zustandes und eher affenähnlichen Merkmalen hat dieses Fossil dennoch den wissenschaftlichen Namen *Sahelanthropus tchadensis* erhalten, was somit ein Erscheinungsbild und eine Zugehörigkeit zur menschlichen Linie andeutet. Wieder einmal mehr hat man hier ein sehr altes Fossil ohne wirkliche menschliche Merkmale, dass die Entdecker versuchen in die menschliche Linie einzufügen! Wenn die fossilen Überreste eines Australopithecus entdeckt werden, wird dieser mit einem neuen Namen getauft, weil jeder Entdecker glaubt, den Vorfahren der menschlichen Linie gefunden zu haben, was jedes Mal eine neue Kontroverse zur Folge hat. Das Problem besteht darin, den Fragmenten einen Namen zu geben der sie in eine Klassifikation einfügt, obwohl ihre Unvollständigkeit keine genaue Zuschreibung zulässt. Ich werde nicht auf die Debatte eingehen, welche die Anthropologen über die Einstufung dieser Fossilien von Hominiden bewegt.

Anatomische Merkmale

Die Australopithecinen haben körperliche Eigenschaften die man bei allen fossilen Überresten findet. Jedoch, eine neue Spezies, *Australopithecus anamensis*, die 1995 entdeckt wurde, würde laut den Entdeckern, modernere Markmale als die anderen aufweisen. Ich werde darauf zurückkommen.

Australopithecinen sind klein, das Gehirn ist von geringer Kapazität mit einem Volumen welches zwischen 400 cm^3 bei *Australopithecus afarensis* bis zu 550 cm^3 bei *Australopithecus robustus* schwankt. Ihr Schädel ist durch ein niedriges Gewölbe gekennzeichnet, ein Gesicht ohne Stirn, stark konkav, daher sehr prognathisch (nach vorne projizierte Kiefer), manchmal einen knochigen Grat über den ganzen Schädel (sagittaler Grat) sowie Kiefergelenkgrate für das Einfügen von kräftiger Kaumuskulatur, eine starke Einschnürung hinter den Augenhöhlen, einen eher hohlen Nasenbereich. Die Jochbeinknochen sind vorspringend; Die Knochen von *Australopithecus africanus* sind dünner als die von *Australopithecus afarensis*, die stärksten Kiefer und die breitesten Gesichter gehöhren zu den robusten Australopithecinen. Letztere haben große Zähne, Backenzähne und vordere Backenzähne mit dickem Schmelz. Der Schädel ist durch das Foramen magnum (großes Loch) mit der Wirbelsäule verbunden, die Öffnung der Schädelbasis, durch welche alle Nerven verlaufen, deren Ränder auf dem ersten Wirbel, dem Atlas ruhen. Dieses Foramen liegt bei Menschen genau unter dem Kopf und bei Menschenaffen wegen der unterschiedlichen Ausrichtung des Kopfes, weit zurück. Bei den Australpithecinen befindet er sich in einer Zwischenposition.

Es scheint, dass das Atlanto-okzipital-Gelenk des Australopithecus Streck-und Beugebewegungen mit einem größeren Bewegungsbereich als beim Menschen erlaubte, mit einer weder noch ganz menschlichen noch ganz affenähnlichen Kopfhaltung. Sie besaßen anscheinend sechs Lendenwirbel, gegen fünf bei Menschen und fünf oder sechs bei Menschenaffen. Bei den verschiedenen Gattungen der Australopithecinen scheint besonders auf der Höhe der unteren Wirbelsäule eine Lendenlordose bestanden zu haben. Das Kreuzbein der Australopithecinen ist schmaler als beim Menschen, aber breiter als bei den Menschenaffen. Es sieht so aus, als ob das Kreuzbein während der aufrechten Haltung weniger stabilisiert war als beim Menschen.

Der Abstand zwischen der Hüftgelenkpfannenhöhle oder dem Acetabulum, in dem der Oberschenkelkopf angeordnet ist und dem hinteren Teil des Ischiums (dem Sitzbein oder Knochen, auf dem wir ruhen wenn wir sitzen) ist größer ist als beim Menschen, aber kleiner als beim Affen.
Das Kreuzbein ist breit wie beim Menschen, aber kaum gekrümmt, also anders als wie beim Menschen, bei dem es sehr gekrümmt ist. Das Acetabulum, das klein, leicht oval und flach war, musste einen Bewegungsbereich des Oberschenkelbeins am Hüftknochen ermöglichen, der normalerweise größer war als beim Menschen.

Der Kopf des Oberarmknochens oder der proximalesn Epiphyse, der dank seiner halbkugelförmigen Form sich mit dem Schulterblatt gliedert, ermöglicht eine große Drehung an der Schulter und somit Bewegungen in verschiedenen Raumrichtungen. Fossile Oberarmknochen wurden in Äthiopien, Hadar und dem Omo Tal, Kenia, in Kanapoï, aber auch in Koobi Fora sowie in Swartkrans, Kromdraai gefunden, und natürlich auch in Sterkfontein (Südafrika) wo noch so viele Überreste von Hominiden zu finden sind. Ron Clarke beschreibt die von Sterkfontein mit der Aussage, dass am Ellbogen die «distale Epiphyse» des Oberarmknochens und die «proximale Epiphyse» der Elle (Ulna) Merkmale aufweisen welche mehr dem Orang-Utan ähneln als dem Menschen oder Schimpansen. Was die anderen fossilen Ellen die von den gleichen Standorten stammen betrifft, so unterscheiden sie sich von menschlichen Knochen durch ihre große Robustheit.

Bei den Australopithecinen bildet der Oberschenkelhals 120° gegenüber der Diaphyse während der menschliche Durchschnitt bei 130° liegt. Der kleinere Winkel bei dem Australopithecus ist logisch, da sein Becken breiter als beim Menschen ist. Der Hüftkopf ist wie beim Menschen gerundet jedoch kleiner, besonders bei dem *Afarensis*. Das Acetabulum oder die Hüftgelenkpfannenhöhle ist eiförmig. Beim Menschen beträgt der Winkel, den die Achse der Diaphyse des Oberschenkels mit der Horizontalen bildet, zwischen 10° und 15°, während beim Schimpansen (wenn die beiden Knochen aufeinander ausgerichtet sind) die Achse des Beins den Oberschenkel fortsetzt. Der Winkel zwischen den beiden Knochen beträgt dann 0°. Es ist übrigens der Wert von diesem Winkel, bicondylarer Winkel genannt, der es ermöglicht hat, bestimmte fossile Knochen den Hominiden zuzuschreiben. Dieser Winkel ist bei Australopithecus wegen des größeren Abstandes zwischen den Gelenkflächen des Oberschenkels am Becken noch größer als beim Menschen. Der Oberschenkel ist durch ein Gelenk mit dem Schienbein an zwei Oberflächen, den Schienbeinplatten verbunden, welche in der Mitte durch zwei kleine Knochenreliefs getrennt sind, die Schienbeindornen, einen äußeren und einen inneren. Diese Dornen verriegeln sich zwischen den beiden Kondylen (Knöcheln) welche die Basis des Schenkels bilden. Der äußere Kondylus des Menschen, elliptisch, gliedert sich auf einer relativ flachen oder leicht konkaven Schienbeinplatte, während dieser bei den Menschenaffen mehr runde Kondylus sich auf einer sehr konvexen äußeren Schienbeinplatte gliedert. Außerdem ist beim Menschen der Raum zwischen den Schenkelkondylen eng und passt sich genau an die Schienbeindornen an, also ohne Spielraum, während dieser Raum bei den Menschenaffen größer aber mit kleineren Dornen ist.

Der untere Teil vom Schienbein oder die distale Epiphyse gliedert sich mit der Winde (Trochlea) vom Sprungbein (Talus oser Astragalus) über die obere oder dorsale Oberfläche und über die innere Seite dieser Winde. Auf dieser Ebene des Sprungbeins ist das Schienbein dem Wadenbein angefügt und bildet mit dem Talus den Fußknöchel. Was den Menschen betrifft, so muss daran erinnert werden, dass die Winde fast parallele Ränder hat deren Winkel ungefähr 90° beträgt, während bei Menschenaffen die Kanten oder Ränder der Winde nach hinten und nach innen zusammenlaufen mit einer inneren Kante wie zerdrückt gegenüber der äußeren Kante. Die obere Ebene der Winde ist beim Menschen horizontal und deutlich geneigt bei den Affen. Diese Anordnung beeinflusst die allgemeine Orientierung des Fußes, dessen Fußsohle nicht wie bei dem Menschen horizontal ist, sondern im Ruhestand nach innen gerichtet ist. Tatsächlich wird diese Fortbewegung mit dem äußeren Rande des Fußes durch die Abwesenheit des Tuberculum lateralis am Fersenbein (Calcaneus) erleichtert.

Der linke Tarsus von Sterkfontein StW 573 umfasst das Sprungbein (Talus), das Kahnbein (Naviculare), die drei fast vollständigen Keilbeine, das sehr beschädigte Fersenbein (Calcaneus) sowie die zwei ersten Mittelfußknochen bei denen die vorderen Extremitäten fehlen.

Am Fersenbein bietet die Gelenkfläche mit dem Würfelbein (cuboideum) welches ein kegelförmiges Teil darstellt, eine sehr deutliche koronare Facette oder Rautenfläche, wie sie insbesonders beim Schimpansen vorhanden ist, und welche im Vergleich zum Menschen, dessen Gelenkoberfläche verschieden ist, einen eindeutigen größeren Bewegungsbereich des Würfelbeins gegenüber dem Fersenbein bietet; Im letzten Fall ist die Gelenkoberfläche eine flache, verzogene Oberfläche, die sehr wenig Spielraum für eine Bewegung zulässt, und besonders keine Drehung zwischen den Knochen. Die Fersenbeine aus dem Hadar sind vollständiger, obwohl manchmal das Sustentaculum tali fehlt, das heißt, der kleine Knochenvorsprung an der Innenseite des Knochens auf dem der Kopf des Sprungbeins ruhte. Es sind viel klotzigere Knochen als die gleichen bei den Schimpansen von denen sie andererseits eine Anzahl von Merkmalen haben, wie zum Beispiel ein hoch entwickelter Tuberkel (Höcker) des Wadenbeins, der den seitlichen Aspekt des Knochens verunstaltet, der stark gewinkelt und nicht gerade aussieht wie das menschliche Fersenbein sowie ein Fehlen des seitlichen Höckers auf der posteroplantaren Oberfläche, was diesen Knochen an seiner äußeren Kante zum rollen bringen musste und auch eine Varus-artige Fortbewegung bewirken wie bei den Menschenaffen.

Das Sprungbein (Talus) von Sterkfontein ist ein Knochen, der abhängig von der betrachteten Seite, umso interessanter ist, weil man zu scheinbar widersprüchlichen Beobachtungen gelangt. Tatsächlich zeigt die dorsale Oberfläche dieses Knochens eine Winde (Trochlea), deren Neigungswinkel von 150° (gebildet durch die Achse der Winde mit der Achse des Knochenhalses) mit der menschlichen Variabilität übereinstimmt (durchschnittlich 160°). Außerdem ist der Knochenhals kurz und breit.

Von seiner hinteren Seite betrachtet bildet der Winkel der Innenkante der Winde fast 90° und der Winkel zwischen der Rinne des Beugemuskels vom großen Zeh und der Horizontalen beträgt 48°, etwas niedriger als beim Mensch, 55°, aber viel höher als beim Schimpansen, 25°.

Betrachtet man die Innenseite des Sprungbeins, so bildet die Achse vom Hals des Sprungbeins mit der vom Körper des Knochens einen Neigungswinkel von 150°, der im Vergleich zu den 115° beim Menschen groß ist und einen ziemlich flachen Knochen anders wie beim Menschen bedeutet.

Schließlich zeigt der von seiner vorderen Seite (auch distale Seite genannt) betrachtete Knochen einen Drehungswinkel des Kopfes von 30°, wie beim Schimpansen, also kleiner als beim Menschen der einen Wert von 45° aufweist. Dieser Winkel ist im allgemeinen beim Menschen mit der Anwesenheit eines länglichen Fußgewölbes verbunden.

Die Außenseite, auch seitliche oder laterale Seite genannt, ist in ihrem unteren Teil gebrochen, wodurch der Winkel, den die Gelenkrautenfläche mit dem Wadenbein bildet, nicht berechenbar ist.

Das linke intermediäre Keilbein von Sterkfontein hat eine dorsale Morphologie die der des *Homo habilis* sehr ähnelt. Sein Fußgewölbe verläuft spitz zu, wie beim Schimpansen, und ist nicht dick wie beim Menschen. Mit einer Lförmigen Oberfläche entlang den dorsalen und proximalen Rändern die sich mit dem medialen Keilbein zusammenfügen, besitzt diese mediale Fläche ihre eigene Form. Die gesamte Oberfläche der proximalen Seite ist in einer dorsoplantaren (dp) Richtung, also vom Fußrücken zur Fußsohle konkav. Die distale Seite, mit dem zweiten Mittelfußknochen gelenkig verbunden, ist in ihrer Rückenhälfte mittelseitig konvex und konkav in ihrer Fußsohlenhälfte wie der homologe Knochen des Schimpansen. Zusammenfassend lässt sich sagen, dass dieser Knochen mit seinen verschiedenen Merkmalen eher einem Greiffuß als Standfuß (Bipedie) erinnert.

Der erste Mittelfußknochen verlor seine vordere Extremität, behiehlt aber seine Basis. Die Längsachse der Gelenkfläche mit dem ersten Keilbein (Cuneiformknochen) bildet wie beim Schimpansen einen Winkel von 50° gegenüber der Seitenfläche, während dieser Winkel beim Menschen 10° beträgt. Dies entspricht einer medialen (oder lateralen) Orientierung vom Mittelfußknochen ähnlich dem Schimpansen und daher ganz anders als beim menschlichen Fuß dessen vier Mittelfußknochen parallel sind.

Die Richtung der lateralen Köpfe der Mittelfußknochen die zur medialen Seite gedreht sind, ergibt eine Varus Orientierung des Mittelfußknochens was besser mit einem Greiffuß als mit einem Standfuß übereinstimmt. Dieser Drehungswinkel folgt dem etwas weniger ausgeprägtem Winkel der Diaphysen. Es hat eine ausgeprägtere rückwärtige Entwicklung des medialen Tuberculums (Höckers) auf der Fußoberfläche der distalen Epiphyse zur Folge. Die fossilen Mittelfußknochen aus diesen Zeiten haben die Besonderheit sich in zwei Gruppen einteilen zu lassen: jene die eher Greiffüßen angehören und andere eher einer zweifüßigen Fortbewegung (Bipedie) oder Standfüßen. Aber auch letztere sind nie genau vergleichbar mit denen des heutigen Menschen. Sie besitzen spezifische Merkmale (wie eine nicht ganz flache hintere Oberfläche) die sich sowohl von den Menschen als auch Schimpansen unterscheidet. So sind ein zweiter Mittelfußknochen, vier dritte Mittelfußknochen, ein vierter und ein fünfter zu nennen. Außer dem fünften besitzen sie alle, wie der menschliche Knochen, eine Diaphyse, die in einer medio-lateralen Richtung stark abgeflacht ist und einen Kopf der mehr in die Höhe als in die Breite tendiert und zur lateralen Seite des Fußes gerichtet ist. Daraus folgt eine größere Entwicklung des seitlichen Höckers (Tuberculum lateralis) nach hinten auf der fußsohlenseitigen (plantaren) Oberfläche der distalen Epiphyse des Knochens. Dies wird besonders deutlich bei den Mittelfußknochen II, III und IV.

Ein zweiter Mittelfußknochen aus dem gleichen Gelände kommt durch die Form seiner Diaphyse einem Affenknochen näher. Dem zweiten Mittelfußknochen von Ron Clarkes Fossil StW 573 fehlt die vordere (oder distale) Hälfte. Der Winkel der Diaphyse gegenüber der medialen Seite ist eher affischer Natur. Die proximale Oberfläche die sich mit dem zwischenliegenden Keilbein gliedert, hat eine konkave dorsale Hälfte und eine konvexe plantare Hälfte und unterscheidet sich somit von menschlichen und auch affenartigen Knochen. Seine Gelenkflächen mit dem lateralen Keilbein und dem dritten Mittelfußknochen ähneln denen des Schimpansen.

Laut einigen Anthropologen scheint der Geschlechtsdimorphismus (ein unterschiedliches Aussehen zwischen Männchen und Weibchen der gleichen Gattung) bei den Australopithecinen ausgeprägter gewesen zu sein als bei den Menschenaffen.

Bis heute wurden nur zwei Skelette von Australopithecinen ausgegraben. So ist Lucy bekannt dafür, dass man ziemlich viele Knochen von ihr fand. Im Jahr 1995 entdeckte Ron Clarke in Sterkfontein, Südafrika, ein Skelett, das unter der Inventarnummer StW 573[16] auf 3,35 Millionen Jahren datiert wurde und unter dem Namen «Little Foot» registriert, mit vielen Knochen an Ort und Stelle und auch in Verbindung. Bis auf den heutigen Tag hat er den vollständigen Schädel mit all seinen Zähnen, den Knochen der beiden unteren Gliedern, von denen ein Dutzend Knochen beider Füße mit dem fast vollständigen linken Tarsus, die Knochen eines Arms und die dazugehörige Hand an Ort und Stelle, und endlich viele Rippenstücke freigelegt. Er veröffentlichte seine Ergebnisse im Jahr 2002: der rechte Beckenflügel, das Kreuzbein, Lendenwirbeln und der obere Teil des rechten Oberschenkels sowie Rippen. Es ist eine außergewöhnliche Entdeckung von großem Interesse. Man kann schließlich einen großen Teil vom Skelett desselben Individuums untersuchen welcher eine anatomische Einheit bildet. Es handelt sich wahrscheinlichen über einem Australopithecus, von dem man aber noch nicht die genaue

[16] St = Sterkfontein; W: West; 573: fünfhundertdreiundziebzigstes entdecktes fossiles Teil auf diesem Gelände

Spezies angeben kann.

Lucys Brustkorb, aus den Rippen neu rekonstituiert, hat die Form eines umgedrehten Trichters, eine Morphologie welche mehr den Menschenaffen ähnelt als dem Menschen dessen Brustkorb eher die Figur eines Fasses darstellt. Darüber hinaus legt das Aussehen der Rippen nahe, dass sie ziemlich tief heruntergehen mussten bis mit einer Berührung der Darmbeinschaufeln, was die Abwesenheit einer Taille bedeutete und somit weniger Gelenkigkeit als bei Menschen zu vermuten war, eine Gelenkigkeit so nützlich im Falle einer Bipedie. Dank einer Taille kann der Mensch seinen Oberkörper drehen ohne dabei das Becken zu drehen, was für Menschenaffen schwierig ist, da ihr Brustkorb ohne einer Taille praktisch am Becken liegt. Es scheint, dass *Australopithecus africanus* StS 14 sechs Lendenwirbel besaß, während es beim Menschen im Durchschnitt fünf sind. Sollten die sechs Lendenwirbeln tatsächlich ein und demselben Individuum angehört haben, wäre anzunehmen, dass er eine Taille besaß, die ihn vom Australopithecus des *afarensis*-Typen wie Lucy unterscheiden würde.

Offensichtlich erlaubte der Bewegungsbereich vom Kopf der Australopithecinen eine größere Beugung-Streckung als beim Menschen. Das Halten des Kopfes, weder ganz menschlich noch ganz affenartig musste mehr gegenüber der Körperachse geneigt sein als beim Menschen, aber weniger als beim Affen. In diesem Zusammenhang sagte Jeffrey Laitman, von der Universität Utrecht 1986: «Die Analyse von Australopithecinen zeigte eindeutig, dass die Basis ihres Schädels keine Beugung aufwies und somit den heutigen Menschenaffen ähnelte, also sehr unterschiedlich gegenüber einem erwachsenen Mensch.»

In der aufrechten Haltung wäre ihr Kreuzbein[17] weniger stabil gewesen als beim Menschen. «Der Winkel bei Lucys Vorsprung vom Kreuzbein, so der amerikanische Anatom Maurice Abitbol 1995, stimmt mit dem des Schimpansen überein (Schwingungsweite zwischen 63 und 72°) und nicht wie bei der Frau (zwischen 44° und 56°). Lucys aufrechte Haltung war nicht wie die des modernen Menschen.» Das ganze Becken oder der Beckengürtel ist bei den Menschenaffen sehr hoch gelegen, mit fast flachen Darmbeinschaufeln, zu den Seiten hin ausgebreitet, während das ganze Becken beim Menschen ziemlich niedrig liegt, mit leicht erweiterten Darmbeinschaufeln die anschließend nach vorne zurückkommen um wie eine Schüssel zu bilden, daher auch dieser Namen eines Beckens.

Das neu rekonstituierte Becken vom Australopithecus liegt noch tiefer und ist auch noch breiter als das des Menschen, mit sehr breiten Darmbeinschaufeln, die sich seitlich erstrecken und wie bei Menschenaffen orientiert sind. Die Darmbeinschaufel endet mit einem spitzeren Teil, der ihr das Aussehen eines «Schnabels» gibt.

---

[17] Knochen gebildet durch das Verschmelzen der vier Kreuzwirbeln. Das Kreuzbein liegt zwischen den sich darüber befindenen Lendenwirbeln und dem darunter liegenden Steißbein. Das Kreuzbein ist seitlich mit den Darmbeinschaufeln verbunden

Beim Menschen ist die Lage des Schwerpunkts, der zwei bis drei Zentimeter vor dem Gelenk der zweiten und dritten Kreuzbeinwirbeln liegt, gut bekannt. Was Australopithecus betrifft, ist er schwer einzuschätzen, da man die genaue Masse seiner Muskeln ignoriert. Die Gelenke der Oberschenkelknochen waren in einer sehr seitlichen Position, voneinander entfernter als bei Menschen, was auf einen größeren Energieaufwand hindeutete als bei letzteren während der zweibeinigen Fortbewegung. Die Gelenkfläche zwischen dem Kreuzbein und der Darmbeinschaufel ist klein, kaum größer als bei Menschenaffen. Dies hatte zur Folge, dass diese Gelenkfläche der Darmbeinschaufel im Vergleich zum Menschen reduzierter war und somit auch schwächer im Falle einer zweibeinigen Stellungname. Schließlich würde das Kreuzbein mit den Lendenwirbeln einen größeren Winkel bilden als beim Menschen, aber kleiner als beim Schimpansen. Diese Vereinigung einzigartiger Merkmale unterscheidet die Australopithecinen von Menschen und Menschenaffen. Wenn ihr Becken für eine Bipedie geeignet war, so sind trotzdem nicht alle menschliche Merkmale vorhanden, was auf eine besondere Form der zweibeinigen Fortbewegung schließen lässt und vor allem, nicht ihre ausschließliche und dauerhafte Form der Fortbewegung. Christine Berge, die das Becken der Australopithecinen untersucht hat, kam zum Schluss, dass ihre einzige Möglichkeit einer aufrechten Stellung eine Einfügung ihrer Muskeln am Becken war, so wie bei dem Schimpansen. Laut Christine Berge zwang sie eine Fortbewegung bei jedem Schritt ihre Hüften zu drehen was ihnen eine «schwankende» Gangart verlieh, ähnlich wie bei den Menschenaffen.

Anatomische Merkmale der oberen Extremität

Die obere Extremität wird durch den Schultergürtel (beide Schlüsselbeine und Schulterblätter) am ganzen Körper befestigt. Der Oberarmknochen verbindet sich mit dem Schulterblattgelenk, das Schlüsselbein verbindet das Schulterblatt mit dem Brustbein oder Sternum. Der Schultergürtel der Australopithecinen ist wegen der Seltenheit an Fossilien schlecht bekannt. Diese Seltenheit kann ihre Erklärung in der Brüchigkeit dieser Knochen finden. Es gibt im Wesentlichen zwei unvollständige Schulterblätter, eines von Sterkfontein und das andere von Lucy. Beide zeigen eine Gelenkfläche, bei der der Oberarmknochen wie bei den Menschenaffen nach oben zeigt und nicht seitlich wie beim Menschen. Dieses anatomische Merkmal legt bei diesen Wesen nahe, die Arme mit einer größeren Schwingungsweite besser zu heben als beim Menschen, was ein gutes Schwinhangeln und auch Klettern voraussetzt. Die halbkugelförmige Form des Oberarmknochenkopfes ermöglicht eine große Achsendrehung auf Höhe der Schulter und damit Bewegungen in verschiedenen Raumrichtungen. Diese Anordnung findet man bei allen Hominidae oder Menschenaffen wie auch bei den Australopithecinen. Ron Clarke notiert jedoch, dass das Schultergelenk bei «little Foot» dem des Orang-Utans ähnelt und daher kompatibel mit einer Fortbewegung in den Bäumen ist.

Auf jedem Fall sind die fossilen Extremitäten der Oberarmknochen die dem *Australopithecus afarensis* zugeschrieben werden wie auch die von Hadar oder von Sterkfontein dem *Australopithecus africanus*, oder den robusten

Australopithecinen wie die von Koobi Fora in Kenia, oder aus dem Omo Tal in Äthiopien, Swartkrans und Kromdraai in Südafrika, in der Nähe von Sterkfontein, sie alle besitzen eine Morphologie die mit dem Schwinhangeln oder der Brachiation vereinbar ist. Und beschreibt nicht Ron Clarke die Knochen des Arms von «Little Foot» indem er sagt, dass zusätzlich zur Schulter, das Gelenk der Elle, zwischen Oberarmknochen und Elle ähnlichere Merkmale mit dem Orang-Utan besitzt als mit den Menschen oder Schimpansen? Dagegen liegen die absoluten Längen der drei Knochen Oberarm, Elle und Speiche sowohl in der menschlichen Variabilität wie auch in der des Schimpansen und sind somit kleiner als die des Orang-Utans.

Was die Hand der Australopithecinen im Bereich der Handwurzel betrifft, so wurde die Verbindung des großen Vieleckbeins oder Trapezknochens mit dem ersten Mittelhandknochen von Ron Clarke als eigenartig beschrieben, anders als beim Menschen. In der menschlichen Hand, erlaubt eine Sattelgelenkverbindung dem Daumen seine vielfachen Positionen gegenüber den anderen Fingern, egal ob er in der gleichen Ebene flach gehalten wird oder ihr gegenübersteht und eine Pinzette mit irgendeinem anderen Finger bildet. Beim Schimpansen oder Gorilla ist es die Form der Gelenkverbindung zwischen dem großen Vieleckbein (Trapezium) und dem ersten Mittelhandknochen, verbunden mit der Kürze des Daumens, die seine Bewegungen begrenzt. Es ist schwierig, sich die tatsächlichen Bewegungen vorzustellen, die der Australopithecus mit seinem Daumen machen konnte. Da jedoch an einigen Geländen wie Swartkrans (Südafrika) Werkzeuge gefunden wurden, glauben einige Autoren, dass sie von Australopithecinen hätten erzeugt werden können, insbesondere von *Australopithecus robustus*, dessen Hand der menschlichen am ähnlichsten war. So sehr mir die dem *Homo habilis* (2 Millionen Jahre) zugeschriebebenen Werkzeuge authentisch erscheinen, so sehr bin ich skeptisch geblieben gegenüber den angeblich erzeugten Werkzeugen der Australopithecinen.

Eine gewisse Anzahl von Merkmalen ist den drei Gruppen von Australopithecinen gemeinsam. Die Länge der Mittelhandknochen (Knochen der Handteller) ähnelt beispielsweise der Hände des Menschen und auch Schimpansen, was ihnen eine relativ kurze und breite Handfläche gibt aber mit einer größeren Krümmung der Knochen als beim Menschen besonders bei *Australopithecus afarensis*. Der Daumen wäre halb so lang wie der dritte Finger, also dem Menschen näher stehend als den Menschenaffen die einen kürzeren Daumen besitzen. Die Fingerendglieder der Hände sind stark gekrümmt wie bei den Menschenaffen, besonders bei Australopithecus Lucy; Die von Orrorin sind ebenfalls gekrümmt. Das obere Körperglied des Australopithecus besitzt mehrere Merkmale, die auf die Möglichkeit einer Fortbewegung in Bäumen hindeuten (Schwinghangeln).

Zusammenfassend bestätigt die Untersuchung der Handanatomie der Australopithecinen die spezifischen Merkmale der Gattung Australopithecus, Merkmale welche diese von der menschlichen Vorfahrenlinie unterscheidet und trennt.

Anatomische Merkmale der unteren Körpergliedern oder Extremitäten

Nachdem wir die Hauptmerkmale der oberen Körpergliedern der Australopithecinen gesehen haben, müssen wir die Anatomie der Knochen der unteren Körpergliedern untersuchen. Wenn ein Mensch steht und geht, sind seine Oberschenkelknochen nicht vertikal, sondern auf Grund ihrer Konformation und der Breite des Beckens, nach innen geneigt. War es für die Australopithecinen dasselbe? Die Oberschenkelknochen der Menschenaffen sind vertikal wenn sie sich mit auseinanderstehenden Füßen bewegen.

Die Basis vom Oberschenkelbein (Femur) zeigt bei Seitenansicht eine elliptische Form beim Menschen und praktisch eine runde Form bei Menschenaffen. Bei Australopithecus handelt es sich um eine Zwischenmorphologie. Die französische Anthropologin Anne-Marie Bacon, Spezialistin für das Oberschenkelbein, erklärte 1999: «Die Fortbewegung der Australopithecinen [……] wird von einer auf Bäumen lebender Konstante beherrscht: das Klettern das eindeutig ein in Bäumen verbringendes Leben bedeutet. Diese Wesen sind gelegentlich zweibeinig und kletternd.» Die Morphologie des menschlichen Knies reduziert sich auf eine strikte Streck-und Beugebewegung (130° Schwingungsweite), während das Knie der Menschenaffen viel flexibler ist und eine gewisse Drehung des Beines am Oberschenkel erlaubt. Die Funktionseinschränkung des menschlichen Knies erklärt auch, wie ich bereits erwähnt habe, die häufigen Pathologien die während der Ausübung von Sportarten wie Skifahren beobachtet werden, zum Beispiel Ausdehnungen bis zum Bruch von Bändern oder Muskeln. Die Morphologie des Knies variiert von einem Australopithecus zum anderen, die der Art a*farensis*, als primitiver beurteilt, ist der von Menschenaffen ziemlich ähnlich. Jene der Arten *africanus* und *robustus* wären weniger affenähnlich und würden daher von einigen Autoren als zweifüßig angesehen. Im Jahre 1977 schrieb der berühmte englische Archäologe und Prähistoriker Richard Leakey[18]: «die Konfiguration der Knochen des Beines und des Beckens bei diesen Wesen [.....] , die Australopithecinen, scheint für die gewohnte vertikale Fortbewegung ungeeignet gewesen zu sein.»

Der untere Teil des Schienbeins verbindet sich mit der Oberseite des Fußes, d.h. mit der Oberfläche vom Sprungbein oder Talus. Dieser Knochen, der sich zwischen dem Bein und dem Fuß befindet, ist mit den unteren Teilen vom Schienbein und vom Wadenbein verbunden und bildet den Knöchel. Dieses Gelenk des Knöchels wird oft mit einer Zapfenlochung verglichen, weil sie sehr genau justiert ist, ohne jede andere Möglichkeit als eine Beuge-und Streckbewegung.

---

[18] Die Leakey sind eine berühmte Familie von Anthropologen, die in Kenia leben. Im Jahr 1979 heiratete Maeve Richard Leakey, geboren 1940, Sohn von Louis Seymour Leakey (1903-1972) und Mary Leakey (1913-1996), und unter ihren vielen Entdeckungen fanden Louis und Mary Leakey auf dem Gelände von Olduvai, in Tansania, Schädel von Australopithecinen und Mary die Fußabdrücke von Laetoli.

Unter den Fossilien der Australopithecinen gibt es keinen absolut vollständigen Fuß, also mit Tarsus (Fußwurzel), Metatarsus (Mittelfußknochen) und Zehen. Es gibt jedoch isolierte Knochen und Knochengruppen die zu demselben Fuß gehören. Ich beziehe mich auf die Knochen von Sterkfonteins Fuß («Little Foot»), deren anatomische Eigenschaften sehr eines Schimpansenfußes nahestehen und den aus Hadar (Äthiopien) stammenden Knochen sehr ähneln. Der linke Fuß umfasst den Tarsus und die Basis der ersten beiden Mittelfußknochen. Diese Knochen informieren uns umso besser, da sie mit dem Schien-und Wadenbein verbunden sind, welche diesem linken Fuß entsprechen, der einen vollständigen Knöchel darstellt.

Leider liefert das Fersenbein (Calcaneus) nicht alle Informationen, die man von einem vollständigen Knochen erwarten könnte. Trotz seiner Unvollständigkeit hat es jedoch einen Großteil seiner Gelenkflächen mit dem Würfelbein behalten, mit dem es sich zur Vorderseite des Fußes verbindet. Diese kegelförmige Oberfläche, ähnlich wie beim Schimpansen, unterscheidet sich von dem menschlichen Knochen, bei dem diese Oberfläche relativ flach ist. Diese Gelenkmorphologie erlaubt zwischen den beiden Knochen eine viel größer Beweglichkeit als die welche man beim menschlichen Fuß vorfindet. Die von Hadar stammenden Fersenbeine sind vollständiger. Sie sind klobiger als die homologen Knochen des Schimpansen, mit bestimmten Merkmalen, die es ermöglichen zu bestätigen, dass die Australopithecinen wie Schimpansen und Gorillas auf den Boden treten mussten, das heißt mit einem stärkeren Druck auf den äußeren Fußrand, also in *varus.*

Das Sprungbein (Talus) von «Little Foot» ist umso interessanter, weil man je nach der betrachteten Fläche zu scheinbar widersprüchlichen Beobachtungen kommt. Tatsächlich zeigt die dorsale Oberfläche dieses Knochens eine Gelenkverbindung mit den Knochen der Beine, welche der des Menschen näher ist als beim Schimpansen. Auf der anderen Seite ähneln die anderen Oberflächen sehr dem Sprungbein des Schimpansen. Im Vergleich mit Lucy, ist es viel umfangreicher. Alle anderen Beobachtungen stimmen mit denen von Lucys Sprungbein überein. Zusammenfassend haben diese Sprungbeine eine Vereinigung von zweibeinigen Fußmerkmale, wie zum Beispiel Winkelwerte der dorsalesn Oberfläche die sich kaum von denen des Menschen unterscheiden, und einen auf typisch Bäumen lebendenen Fuß was die anderen Oberflächen betrifft, sprich vorder-hinter und Fußflächen. Diese Wesen mussten aufrecht auf ihren Beinen stehen können, trotz der an Äste angepassten Füße und somit zum Klettern. Ich kann nicht verhindern als ganz besonders an den Orang-Utan zu denken, der relativ leicht aufrecht steht aber dessen Füße spezialisiert sind für ein Leben in Bäumen.

Das Kahnbein von «Little Foot» zeigt alle bereits schon beobachteten Merkmale am homologen Knochen des Schimpansen: Dünnheit der Stärke im Rückenbereich, gut entwickeltes höckerartiges Fußgewölbe, allgemeine Figur des Knochens stark gekrümmt und eine sehr langgezogene Gelenkfäche mit dem Sprungbein. Alle Zeichen eines auf Bäumen sich bewegenden Fußes.

Das erste Keilbein hat eine allgemeine Gestaltung, die derjenigen des Menschenaffen sehr nahe kommt. Darüber hinaus ist die Gelenkfläche mit dem ersten Mittelfußknochen oder Metatarsale in einer transversalen Richtung konvex wie beim Affen, was die Möglichkeit nahelegt, den ersten Mittelfußknochen gegenüber dem zweiten abzuspreizen. Dieses spezifische anatomische Merkmal der Greiffüße war vielleicht etwas weniger ausgeprägt als beim Schimpansen, aber er existierte. Ich habe die gleichen Beobachtungen bei einem ersten Keilbein von Hadar gemacht. Das dazwischenliegende Keilbein mit seinen verschiedenen Merkmalen erinnert an einen Fußknochen der mehr ein Greifuß als der Fuß eines Zweibeiners ist. Das laterale Keilbein hat auch ihre eigenen Merkmale, wie die Ausrichtung des höckerartigen Fußgewölbes, seitlicher als beim Schimpansen, oder die Rautenfläche des intermediären Keilbeins, kleiner, aber mit einer Mehrheit von affenähnlichen Merkmalen.

Der erste Mittelfußknochen besitzt nicht mehr seine vordere Extremität, hat aber seine Basis behalten und ist klobiger als beim Affen, wenn auch weniger als beim Menschen. Vor allem ist die vordere Seite, die aus der Gelenkrautenfläche mit dem ersten Keilbein besteht, in einer querliegenden Richtung deutlich konkav, also umgekehrt übereinstimmend in Bezug auf das erste Keilbein. Schließlich zeigt die Ausrichtung dieser Seite, ähnlich wie beim Schimpansen, eine ganz andere Richtung des ersten Mittelfußknochens als beim großen menschlichen Zeh. Andere erste Mittelfußknochen ähnlichen Alters, die entweder von

Hadar oder von Sterkfontein stammen, zeigen dieses gleiche Merkmal welches auf eine mögliche Spreizung der ersten Zeh deutet, also auf das Fassen von Ästen, mit anderen Worten, ähnliche Merkmale wie beim Schimpansen.

Die Gesamtheit der Mittelfußknochen besitzt Oberflächen die sich mit den ersten Zehengliedern verbinden welche sich mehr auf der Rückseite erstrecken als beim Menschen bei dem sie sich mehr auf der Fußsohlenseite erstrecken. Diese Beobachtung spiegelt eine stärkere Beugung der Zehenglieder beim menschlichen Fußgewölbe wider und eine sehr wichtige Bedeutung der Rückenbeugung der Zehenglieder bei den Australopithecinen. Diese letzte Bemerkung gilt auch für die Dorsalbeugung der Zehen des Gorillas oder Schimpansen.

Ganz generell, wenn die Köpfe der seitlichen Mittelfußknochen zur Innenseite gedreht sind und die Körper der Knochen parallel wie Gitterstäbe mit einer inneren Kante höher als die äußere ergibt sich eine varus Orientierung und diese Morphologie ist eher mit einem Greiffuß als mit einer zweifüßigen Fortbewegung zu vergleichen. Was die fossilen Mittelfußknochen dieser Zeiten kennzeichnet, ist eine nicht-absolute Möglichkeit, sie in zwei Gruppen einzuteilen: Knochen die eher Greiffüßen angehören und Knochen die eher von zweibeinigen Füßen stammen. Aber auch letztere, die unserer Fortbewegung entsprechen, sind trotzdem nicht genau die gleichen eines aktuellen menschlichen Fußes. Sie besitzen ihre eigenen Merkmale (wie eine nicht ebene hintere Fläche der Mittelfußknochen), die sich sowohl von denen des Menschen als auch denen des

Schimpansen unterscheiden.

Zusammenfassend sind alle untersuchten Mittelfußknochen aus Äthiopien, Kenia und Südafrika in zwei Gruppen mit unterschiedlichen Knochenmerkmalen unterteilt. Die erste besteht aus Knochen, deren Anatomie die der Greiffüßen entspricht, also auf Bäumen lebenden Wesen und die ich den Australopithecinen zuschreibe. Die zweite umfasst Mittelfußknochen deren Merkmale zweibeinigen Füßen entsprechen und die einem primitiven *homo* angehört haben müssen. Diese Ergebnisse bestätigen, dass in Südafrika mindestens zwei Gattungen, *Australopithecus* und *Homo* (oder *Praehomo*), koexistierten. Letzterer könnte sich auf der menschlichen Ahnenlinie befinden.

Die Zehenglieder oder Phalangen der Australopithecinen sind durch isolierten Phalanxknochen bekannt,wie etwa bei Lucy, besonders aber durch einer Gruppe von Knochen aus Hadar, bestehend aus dem Kopf oder den vorderen Extremitäten der fünf Mittelfußknochen, der ersten Reihe der Zehengliedern, zwei Zwischenzehenglieder und der Basis eines Endzehenglieds. Da diese Knochen in Verbindung gefunden wurden, ist es sicher, dass sie zu demselben Fuß gehören. Die vorderen und hinteren Teile des ersten Mittelfußknochen sind ziemlich robust. Dafür ist die vordere Extremität des fünften Mittelfußknochen ziemlich schmächtig, im Gegensatz zum menschlichen Fuß der einen kräftigen fünften Mittelfußknochen hat, der durch die permanente Bipedie des Menschen, dessen ganzes Gewicht auf beiden Füßen und besonders auf dem Stativ ruht, Stativ gebildet durch die Ferse und Köpfe der ersten und fünften

Mittelfußknochen. Die dem *Australopithecus afarensis* zugeschriebenen Phalangen bzw. Zehenglieder des Fußes aus Hadar sind im Vergleich zu den menschlichen Zehengliedern alle lang, sogar im absoluten Wert, aber sie sind auf der Höhe der Diaphysen breit, abgeflacht und mit nach innen gewölbtem Fuß gekrümmt. Alle diese Merkmale stehen im Gegensatz zu denen der menschlichen Zehengliedern, die kurz, gerade, schmal in der Mitte der Diaphyse und mit abgerundetem Querschnitt sind. Die Morphologie der Zehengliedern der Australopithecinen ist typisch für eine Anpassung an das Greifen von Ästen, also zum Klettern und vielleicht auch zum Schwinghangeln.

1984 veröffentlichte der amerikanische Anthropologe Charles Oxnard seine Schlussfolgerungen zu der Bewegung der Australopithecinen denen er eine doppelte Fortbewegung zugestand: eine nicht-menschliche Zweibeinigkeit und eine Leichtigkeit für einen vierfüßigen Gang und akrobatische Aktivitäten im Zusammenhang mit einer Anpassung an eine überwiegend bewaldete Umgebung.

Fußabdrücke

Um zu versuchen, die Art der Fortbewegung der ersten Hominiden festzulegen, untersuchte ich sowohl die Füße des Menschen als auch die des Schimpansen und des Gorillas. Sie dienten mir als Referenz und Berechnungselemente, um die fossilen mir zur Verfügung stehenden Überreste in die Klassifizierung (Taxonomie) der Knochen von *Australopithecus* und *Homo habilis* einzuordnen. Aber diese uralte Wesen hinterließen nicht nur Knochen, auch ihre Fußabdrücke bieten wertvolle Informationen.

Die Knochen geben eine Vorstellung vom Skelett des Fußes, erlauben aber nicht die genaue Bedeutung des weichen Gewebes welches sie umhüllt, wiederzugeben. Fußabdrücke liefern dagegen Informationen über das weiche Gewebe sowie die Schrittlänge.

Zwei Bemerkungen über den Wert den man solchen Überresten zumessen kann. Erstens, da diese Zeugen der Vergangenheit über mehrere Millionen Jahre alt sind, hat die Zeit ihre erosive Arbeit geleistet; Wenn dadurch also gewisse frühere Hervorhebungen oder Reliefs an den Knochen der Fossilen verringert wurden, so hat das Umgekehrte auch stattfinden können mit einer Vergrösserung der Fußabdrücken. Zweitens muss berücksicht werden, dass Abdrücke, ob fossile oder nicht, in keinem Fall genaue Abdrücke ihrer Schöpfer sind. Wenn wir die vorhergehenden Bemerkungen berücksichtigen, bieten diese Abdrücke sehr nützliche Informationen für das Verständnis von fossilen Hominiden.

Als in den achtziger Jahren, Yves Coppens, damals Leiter des Labors für biologische Anthropologie des Nationalmuseums für Naturgeschichte mir riet, die Fußabdrücke von Laetoli in Tansania zu studieren, zögerte ich sehr, weil diese fossilen Überreste nicht nur von der Entdeckerin Mary Leakey erforscht und veröffentlicht wurden, sondern auch von berühmten Anthropologen wie Michael Day, Professor fur Anatomie am St Thomas Hospital in London und Russel Tuttle von der University of Chicago. Ich fragte mich, was ich Neues zu diesem Thema beitragen könnte. Nachdem ich mich für diese Arbeit entschieden hatte, erfuhr ich, dass es nicht möglich war, sie in Tansania zu sehen, aber dass Ron Clarke, der diese Fußabdrücke mit Mary Leakey freigelegt hatte, einen von ihm gemachten Abdruck mitgebracht hatte, Abdruck den er mir zur Verfügung stellte. So kam es, dass ich nach Großbritannien reiste.

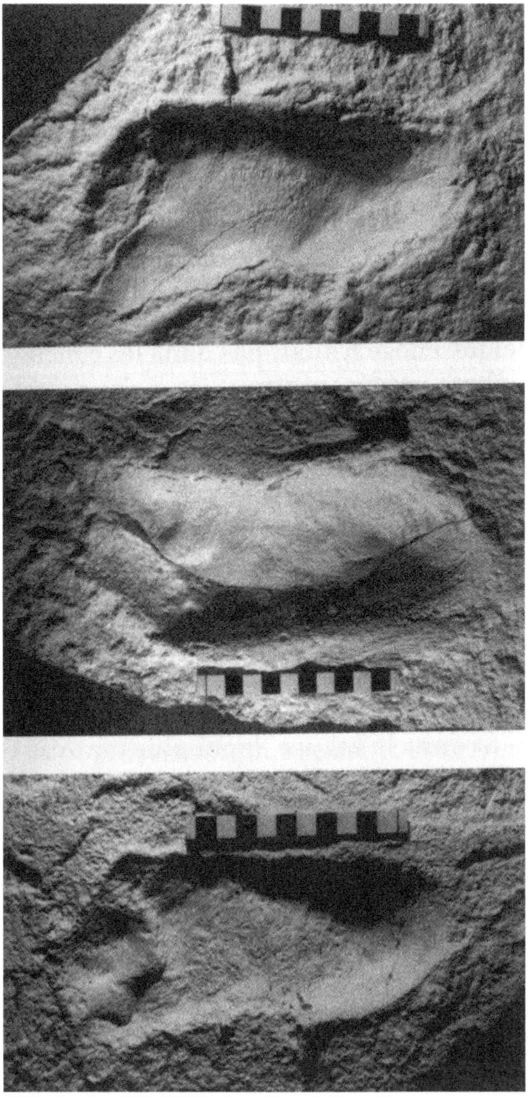

Abb. 14 – Fotografische Darstellung der Fußabdrücke (von unten nach oben) des rechten Fußes G1 /36, dann der linke Fuß G1/35 und der gleiche rechte

Fuß G1/34 in Laetoli, Tansania, Klischee von Y. Deloison.
Die zwei großen Glasfiberplatten zeigten jeweils die deutlichen Spuren von drei Fußabdrücken: auf einer, die Piste G1 (Abb.14), zwei Abdrücke des rechten Fußes und ein Abdruck des linken Fußes und auf der anderen, die Piste G2, zwei viel größere Abdrücke des linken Fußes und ein Abdruck vom rechten Fuß. Beim Anblick dieser Fußspuren sagte ich Ron Clarke, dass diese Spuren sehr wahrscheinlich von zweibeinigen Lebewesen stammten. Ich fing an Messungen vorzunehmen, dann die Formen mit dem zu vergleichen, was ich über die Anatomie der Füße wusste, und als ich mit der Untersuchung dieser Spuren fortfuhr, fand ich immer mehr nicht menschliche Merkmale, im Widerspruch zu bestehenden Publikationen. Nachts, wenn ich aufwachte da ich über diese Sache bedenklich und betroffen war, blieb ich oft einen Moment um diese Spuren zu beobachten die mich beunruhigten, denn je mehr ich darüber nachdachte, desto klarer wurde mir, dass etwas mit den Schlussfolgerungen meiner berühmten Vorgänger nicht stimmte.

Am Ende meines Aufenthalts fragte mich Ron Clarke:«Was halten Sie von diesen Fußabdrücken?» Ich sagte: «ich muss zugeben, dass ich Michael Day und Russel Tuttle nicht zustimme. Ich finde, dass diese Abdrücke nicht Wesen gehöhren können, die dem Menschen nahe sind. Sie präsentieren eine Reihe von Zeichen von nicht-menschlichen Füßen: der große Zeh spreizt zum Inneren ab (*hallux varus*), es gibt einen Zwischenraum zwischen der ersten Zeh und die vier seitlichen und eine Eindrückung im Boden durch ausgeprägtere Anlehnung vom äußeren Fußrande. Das Profil der Ferse ist spitz und nicht abgerundet. Seine Oberfläche sinkt durch Druck in der Mitte des Bodens ein, während beim Menschen die Oberfläche der Ferse flach ist. Es gibt kein Fußgewölbe und vor allem an der Stelle wo sich das Fußgewölbe des Menschen befindet notiert man eine sehr ausgeprägte Verdickung, die zur Innenseite des Fußes überläuft. Es ist offensichtlich das Ergebnis eines beträchtlichen Wachstums des Großzehenspreizer (*Musculus abductor hallucis brevis*). Dieser Muskel ist bei den Menschenaffen gut entwickelt, aber niemals beim Menschen.»

Ron sagte mir, ich sollte ein paar Minuten warten. Er kehrte in das Zimmer zurück, zeigte mir eine Spur in einer roten Materie und fragte mich, an was diese Spur mich denken ließ. Man konnte sehr deutlich ähnliche Fußabdrücke wie in Laetoli sehen und ich sagte es Ron. Er lachte. Es war ein Fußabdruck eines gemeinen Schimpansen. Er stimmte mir zu und war in totaler Diskrepanz mit den berühmten Publikationen.

Ich zog die Schlussfolgerung, dass diese Abdrücke von Wesen hinterlassen wurden, deren Fußabdrücke denen ähnelten, die ich auf den fossilen Knochen von Hadar, Äthiopien, beobachtet hatte. Er zeigte mir dann eine andere Spur aus dem gleichen roten Material wie die vorherige, aber mit Fußabdrücken anderer Form als denen von Laetoli und auch denen des Schimpansen. Diese letzte Spur wurde von einem Bonobo oder Zwergschimpansen gemacht. Die Fußabdrücke waren viel schlanker, die Füße die diese Spuren hinterlassen hatten viel dünner, lockerer und proportional länger und schmaler. Manche betrachten Bonobos dem Menschen näher als gemeine Schimpansen. Sie scheinen tatsächlich weniger spezialisiert zu sein als ihre Cousins, denn obwohl sie sich in den Bäumen wohlfühlen, richten sie sich häufiger auf und gehen öfter aufrecht. Gleichzeitig sind sie auch mehr Vierhänder oder «Quadrumane»: in Gefangenschaft betteln sie manchmal mit ihren Füßen!

Die Entdeckung dieser Fußabdrücke von Mary Leakey in Laetoli, Tansania, die 1978 Australopithecinen zugeschrieben wurden, hatte dazu beigetragen die Diskussion darüber, wie sie sich bewegten, wieder aufleben zu lassen. Diese Abdrücke wurden vor 3,6 Millionen Jahren in vulkanischer Asche gedruckt. Man ist generell der Meinung, dass die Asche feucht war, was die Konservierung ermöglicht hatte. Ich werde darauf zurückkommen.

Man muss wissen, dass der bekannteste Abdruck weil als Erster entdeckt und in vielen Dokumenten zu sehen, sogar auf Buchumschlägen, unvollständig ist. Er stellt in der Tat einen Hintergrundabdruck dar, dessen Ränder zum Zeitpunkt der Freilegung eingeebnet wurden. Er kann nur eine sehr ungenaue Vorstellung von den in Laetoli vorhandenen Spuren geben.

Auf dem Gelände wurden eine Reihe von Fußabdrücken entdeckt, die sich in drei Spuren teilen und mit den Buchstaben A, G1, und G2 gekennzeichnet sind. Ich schloss die Spur A aus, da mir schien, dass diese Fußabdrücke nicht den Hominiden angehörten sondern eher Bären. Der erste Zeh der Abdrücke ist der kürzeste und der fünfte der längste, eine Form die einer heutigen Bärenpfote ähnelt.

Die Spur G1 enthählt zweiundzwanzig Fußabdrücke auf dem Gelände und die Spur G2 zwölf Abdrücke. Unter den fünfzehn untersuchten Gipsabdrücken die mir von Ron Clarke geliehen waren, wählte ich drei von der Spur G 1 (Abb. 14). Das Hauptinteresse der Wahl lag in der Tatsache, dass diese drei Abdrücke einen doppelten Schritt bildeten, wobei ein Schritt der Abstand zwischen der Fußabdruckfläche der Ferse des betrachteten Fußes und der aufeinanderfolgenden Abdruckfläche der Ferse des anderen Fußes entspricht.

Bis zu ihrer Entdeckung, unterschieden sich die Meinungen bezüglich der funktionellen Auswertung von fossilen Knochenmaterial hinsichtlich einer lokomotorischen Adaptation.

Für Michael Day, Russel Tuttle sowie Owen Lovejoy und Bruce Latimer, zwei amerikanische Forscher die auf dem gleichen Gebiet in Cleveland arbeiten, handelt es sich um eine permanente Zweibeinigkeit menschlichen Typs. Für Jack Stern, Randy Susman und Bill Jungers, die am Stony Brook College in der Nähe von New York arbeiten und auch für mich selbst, war Australopithecus ein gelegentlicher Zweibeiner, und diese Form der Bipedie unterschied sich von unserer.

Die Fußabdrücke der G2 Spur sind sehr groß, was einige Autoren, darunter Mary Leakey dazu veranlasste zu meinen, es könnte sich um eine Überlagerung mehrerer Spuren handeln. Überlagerung oder nicht, Tatsache bleibt, dass diese Abdrücke schwierig zu analysieren sind, zumal weil Termiten ihre Spuren hinterlassen haben wobei sie die Bordkanten entstellten, aber auch andere Tiere welche über diese Abdrücke gegangen sind. Die Abdrücke sind entlang einer Achse angeordnet die sich leicht überlappen. Parallel untereinander, in regelmäßigen Abständen von 47,5 cm, repräsentieren sie Fußspuren links, rechts und dann wieder links. Die Aufeinanderfolge der Abdrücke ist parallel mit einer leichten Tendenz, den Vorderfuß nach innen zu richten. Die Länge des Doppelschritts entspricht ungefähr 95 cm gegen 150 cm beim heutigen Menschen. Die Ungenauigkeit dieser Spuren macht eine genauere Auswertung schwierig. Ich würde sagen, dass sie mich an die Form des Fußes eines Orang-Utans erinnern, aber von unten betrachtet wenn dieser seine Zehen zusammenzieht, und nicht die Form seines Fußabdrucks welcher sehr speziell ist, denn beim Gehen ist sein Fuß oft wie eine Faust zusammengerollt und ruht mit dem äußeren Rand am Boden.

Die Untersuchung der drei kleineren Fußabdrücke (Abb 14) liefert mehr Informationen. Viel genauer, mussten sie über bessere Konservierungsbedingungen profitiert haben, was darauf hindeutet, dass diese beide Spuren nicht gleichzeitig sondern zu unterschiedlichen Zeiten von Wesen hinterlassen wurden, die den gleichen Weg gegangen sind. Die Position der Fußabdrücke sieht nicht wie die vorherigen aus. Sie bilden Winkel von 20° bis 30° gegenüber der Fortbewegungslinie. Sie sind 46 cm von einander entfernt und repräsentieren die rechten, linken und rechten Fußabdrücke desselben Lebewesens. Der vorderste Fußabdruck bildet einen größeren Winkel, weil er eine Richtungsänderung des Wesens auf der Spur markiert. Diese fossilen Spuren stellen somit eine Reihe von Merkmalen dar, die sie deutlich von denen des Menschen unterscheiden. Diese drei Abdrücke bestehen aus zwei Abdrücke des rechten Fußes und einen des linken Fußes und bilden somit einen Doppelschritt des selben Wesens. Der Abstand zwischen den Schritten beträgt 46 cm, also 92 cm für den Doppelschritt. In Anbetracht der Form jedes dieser Abdrücke, mehrere Punkte sind ganz offensichtlich. Die Seitenkante ist geradlinig und über ihre gesamte Länge viel tiefer als die innere Fußseite. Dieser seitliche Druck entspricht einer *varus* Position der Füßen. Der Umriss des hinteren Teils zeigt eine schmale Ferse dessen Fußsohle nicht flach wie beim Menschen ist, sondern wie mit einer Vertiefung im Boden und einem sehr tiefen Punkt in der Mitte der Ferse und leicht nach innen gedreht. Die innere Seite des Abdrucks weist auf der Ferse eine deutliche Verdickung auf, die dem stark entwickelten Großzehenspreizer (*Musculus abductor)* der ersten Zeh (hallux) entsprechen kann. Ich notierte die Abwesenheit eines Fußgewölbes. Die Achse des ersten Strahls, medialwärts gerichtet, weicht von der länglichen Achse des Fußes zur Innenseite des Fußes hin ab, was auf einen *hallux varus* hindeutet (das Umgekehrte was bei manchen Menschen vorkommt, deren großer Zeh zur Außenseite des Fußes hin abweicht und als *hallus valgus* bezeichnet wird). Zwischen dem Abdruck des ersten Strahls und der seitlichen Zehen besteht ein klarer Zwischenraum. Diese letzten Zehen bilden einen einzigen Abdruck, dessen vorderer Rand schräg und abgerundet ist. In der Mitte von jedem Abdruck eine Erhebung des quer ausgerichteten

Fußgewölbes entspricht einer Verschiebung des Sediments unter dem Druck des Vorfußes bei einem schnellen Gehen. Vor jedem Fußabdruck befindet sich eine dreieckige Spur deren Spitze nach vorne zeigt. Meine Fußabdruck-Beobachtungen bestätigten meine Deutung der fossilen Knochen. Diese drei Abdrücke wurden von Füßen hinterlassen welche eine gewisse Anzahl von nicht-menschlichen Merkmalen hinterlassen haben, unter anderem im Übertragungsmechanismus des Körpergewichts während des zweibeinigen Gehens. Vergleicht man die Spur von Laetoli mit denen vom Menschen und vom Schimpansen (Abb. 15), sieht man eindeutig, bei gleichem Maßstab, dass der Umriss der Fossilspuren sich sehr gut auf die des Schimpansen übertragen lässt, während es beim Menschen unmöglich ist selbst wenn man die Maße justiert. Einige Zeichen beziehen sich auf Greifbarkeit. Eine Anlehnung in Varus äußert sich durch die seitliche Vertiefung des Fußes im Boden und bedeutet einen größeren Druck auf den äußeren Rand. Diese Lage ist mit der Ausbreitung des ersten Strahls verbunden und der starken Entwicklung vom Muskel der ersten Zeh (*Musculus abductor hallucis brevis*), der Großzehenspreizer, dargestellt durch die innere Ausbuchtung. Da diese Spur in einem weichen und wahrscheinlich feuchten Boden hinterlassen wurde, sieht es so aus, dass dieser Hominide, um beim Gehen den Boden besser «greifen» zu können, spezifische funktionnelle Möglichkeiten nutzte.

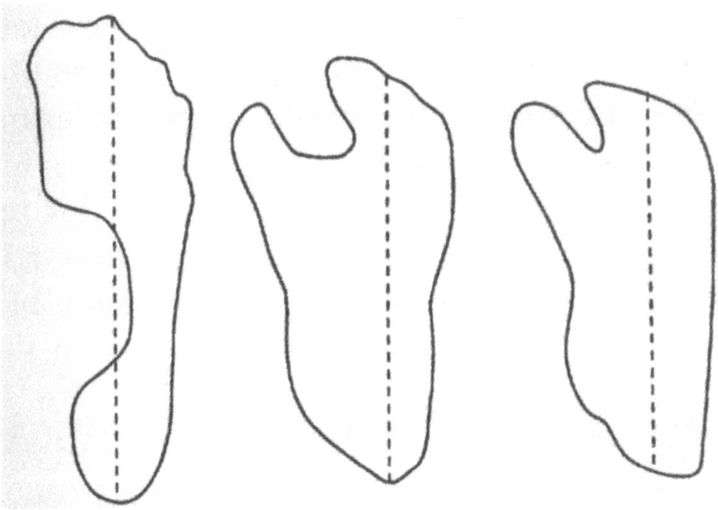

Mensch Schimpanse Laetoli

Abb. 15 – Konturen der rechten Fußabdrücke im Vergleich zwischen Mensch, Schimpansen und Laetoli G1/34 (gleiche Skala zwischen dem Schimpansen und Laetoli)

Interessant ist es, auf den Fußabdrücken von Laetoli die gleichen nichtmenschlichen Merkmale zu finden, wie man sie auf den fossilen Knochen der bei Hadar entdeckten Füßen beobachten konnte: Nähmlich die Möglichkeit den ersten Zeh in Höhe der Mittelfußknochen abzuspreizen, oder das hintere spitze und nicht abgerundete Teil des Fersenbeins. Dieses letzte Merkmal findet man auch mit der Eindrückung der Ferse in den Boden in Form einer Aushöhlung. Man kann annehmen, dass, wenn die Hominiden die in Laetoli über die Asche gingen von der gleichen Gattung waren wie die der Australapithecinen von Hadar, ihre Zehen, zumindest die vier seitlichen, beim Gehen lang und zusammengefaltet sein mussten. Diese besondere Anordnung der Zehen könnten einerseits das Aussehen des seitlichen Teils der Fußabdrücke und andererseits die dreieckige Spur erklären, die auf dem Boden von mehreren anderen Abdrücken am selben Gelände zu sehen war. Diese frühere Spur, die an bestimmte Abdrücke angrenzt, könnte sich durch das Entfalten der seitlichen Zehen in dem Moment gebildet haben, als der Fuß nicht mehr den Boden berührte.

Unter welchen Bedingungen waren Laetolis Abdrücke in die versteinerte Vulkanasche eingraviert? Vilem Bischof, ein in Tschechien geborener Primatologe, der viele Jahre lang Wissenschaftsjournalist bei Agence France Presse war, machte mir folgende sinnvolle Bemerkung:

«Im Gegensatz zu einer weit verbreiteten Ansicht, dass Menschenaffen Wasser wie Pest meiden, stellt er fest, dass Anthropoiden die in Äquatorialwäldern leben ins Wasser gehen. Gewiss, sie können nicht schwimmen und gehen nur dort ins Wasser wo sie Fuß haben. Dies ist z.B. der Fall der Bonobos die oft in Sümpfen beobachtet wurden, wahrscheinlich auf der Suche nach Wasserpflanzen, aber auch gemeine Schimpansen in den feuchten Wäldern des Kongo Beckens mit vielen Flüsschen und überschwemmbaren Zonen. So wird insbesondere in der Regenzeit das Gebiet teilweise überflutet. Sie sind gezwungen, wenn machbar, entweder natürliche Brücken aus Baumstämmen zu benutzen oder ins Wasser zu gehen. Am Rande angelangt, richten sich die Schimpansen auf und gehen zögernd, mit gehobenen Armen durch das Gewässer um die vierbeinige Fortbewegung wieder aufzunehmen sobald sie das Festland erreichen. Und wenn die Australopithecinen aus Laetoli das gleiche getan hätten?» fragt sich Vilem Bischof, der sich ein recht plausibles Scenario vorstellt. «Nach einem Vulkanausbruch, meint er, hat es vielleicht viel geregnet und diese Australopithecinen stellten fest, dass ihr üblicher Weg unter Wasser lag. Somit mußten sie sich aufrichten und beim durchqueren des Wassers, hinterließen sie im schlammigen Boden ihre Fußabdrücke, Abdrücke, die durch ein unglaubliches Glück schnell mit neuer Vulkanasche bedeckt wurden ohne die sie schnell zu Staub geworden wären. Zuerst, wie alle anderen, hatte ich keinen Zweifel, als Laetolis Spuren mir als unwiderlegbare Beweise für eine ständige Zweibeinigkeit der Australopithecinen präsentiert wurden. Aber als ich die Ergebnisse ihrer Auswertung basierend auf genaue anatomische Kriterien sah, und was Ron Clarke erreicht hatte, indem er einen Zirkusschimpansen im nassen Sand laufen ließ, mußte ich sofort denken, an was ich in Afrika gesehen hatte. Ich sagte mir, dass diese Spuren perfekt auf Lebewesen zurückzuführen sein könnten, die nur eine zeitweilige Zweibeinigkeit ausübten, wie meine Freunde die Schimpansen.....».

Die Feststellung der gleichen Möglichkeiten zwischen den Fußspuren von Laetoli und denen, die an den Fußknochen der Australopithecinen von Hadar beobachtet wurden, führte mich dazu, zuzugeben, dass ihre Erschaffer wohl zur Gattung der Australopitecinen gehöhren. Aber wenn diese Abdrücke jedoch beweisen, dass diese Wesen in der Lage waren, sich zweifüßig zu bewegen, so ist unbekannt wie weit und wie lange. Wie dem auch sei, diese Art der Zweifbeinigkeit mußte ihnen eigentümlich sein, gleichzeitig unterschiedlich von den nicht-menschlichen Primaten aber auch von uns Menschen, und auf jeden Fall eine Gelegentliche.

Kapitel 6

Die «offiziellen» Theorien

Während langer Zeit war die Idee der Evolution mehr eine Ahnung als das Ergebnis einer objektiven und durchdachten Erforschung der Natur. Im 17. Jahrhundert begann sich die Frage zu stellen, ob Arten, von denen angenommen wurde, dass sie von dem Schöpfer hervorgingen, nicht in der Lage wären sich vielseitiger zu gestalten, wie es bei Haustieren der Fall war.

Der holländische Naturforscher Jan Swammerdam (1637-1680), der von der Ähnlichkeit zwischen großen und kleinen Tieren beeindruckt war, fragte sich 1672, ob man nicht «gewissermaßen behaupten könnte, dass Gott nur ein Tier schuf welches sich in eine unendliche Anzahl von Arten gestaltet hatte». Es war für dieses Zeitalter, als das Erscheinen von Tieren und Menschen nur in Übereinstimmung mit der Geschichte der Bibel denkbar war, ein Fortschritt der Überlegung. Dieser überholte Gedanke, der Kreationismus, existiert immer noch in einigen Teilen der Vereinigten Staaten.

Im 18. Jahrhundert findet das wissenschaftliche Denken, wie wir es kennen, statt. Die Persönlichkeit, die eine unauslöschbare Spur in der Geschichte der Ideen über die Klassifizierung der organisierten Wesen hinterlassen hat, ist der schwedische Naturforscher Carl Linné (1707-1778). In seinem Buch Systema Naturae, das 1735 veröffentlicht wurde, schlug er seine Klassifizierung vor, basierend auf ein «binominales» Verzeichnis, die von Naturwissenschaftlern auf der ganzen Welt allgemein angenommen wurde. Sie besteht darin, jedem Tier oder jeder Pflanzenart zwei lateinische Namen zu geben. Der erste bezieht sich auf die Gattung und fängt immer mit einen Großbuchstaben an, der zweite bezieht sich auf die Art oder Spezies und wird immer kleingeschrieben. Zum Beispiel, um den Gorilla oder Gorilla gorilla, zu nennen, repräsentiert der erste Gorilla den Namen der Gattung und der zweite die Spezies. Der dritte Name gibt möglicherweise Unterarten an. So ist *Gorilla gorilla gorilla* ein im westlichen Äquatorialafrika lebender Primat, *Gorilla gorilla beringei* in den Bergen von Ruanda und *Gorilla gorilla graueri* im ehemaligen Zaire (Kongo-Kinshasa). Für Linné war es gleichbedeutend damit, den Plan der Schöpfung zu entdecken, um die Klassifizierung der organisierten Wesen zu begründen. Er glaubte fest an die Unveränderlichkeit der Arten und ist zum Verfechter der Theorie des Kreationismus geworden, welche lehrt, dass von Gott geschaffene Wesen unveränderlich sind.

Immer noch im 18. Jahrhundert hatte Pierre Louis Moreau de Maupertuis (1698-1759) im Gegensatz zu Linnés Ideen überraschend originelle und prophetische Ansichten. Seine Arbeit enthält die Umrisse der zukünftigen Mutationstheorie. Er appeliert in seiner Arbeit an die Einwirkung der Umwelt auf Lebewesen, die Beseitigung der Untauglichen durch natürliche Auslese und die Entstehung neuer Arten durch zufällige Mutationen. Deshalb gilt er als glänzender Vorläufer der wissenschaftlichen Abstammungslehre.

Die Vorstellung, dass Lebewesen sich im Laufe der Zeit verändern und dass Arten voneinander abweichen können, war den meisten großen Geistern des18. Jahrhunderts vertraut. Man muss den Namen Georges-Louis Leclerc, Graf von Buffon (1707-1788) in Betracht ziehen. Zwischen 1753 und 1766, wechselte Buffons Denken allmählich von festgelegter Unveränderlichkeit zu begrenzter Abstammungslehre. Er verstand, dass fossile Knochen oft zu Arten gehörten die in der gegenwärtigen Natur keine Vertreter mehr hatten, zum Beispiel das Mammut dessen Überreste gerade aus dem Permafrost (dauerhaft gefrorener Boden) aus Sibirien freigelegt wurden. Er erkannte die Aufeinanderfolge von Tierwelt und Pflanzenwelt, die sich von unserer heutigen unterscheiden. Dieses für die damalige Zeit umwälzende Lebenswerk zog auf ihn den Zorn der Sorbonne.

In dem Bestreben, seine Ruhe zu bewahren und weiterhin seine Titel und Privilegien zu genießen, hielt er an der theologischen Fakultät eine Rede, welche die notwendigen Beruhigungen brachte, aber diejenigen die ihn kannten verstanden sehr wohl, dass er weiterhin dasselbe dachte. 1778 verschärft er seine Ideen und zögert nicht, den Menschen mitten unter den Tieren zu stellen: « die erste Wahrheit, die aus dieser ernsthaften Prüfung der Natur hervorgeht, kann vielleicht für den Menschen erniedrigend sein, da er sich selber in die Klasse der Tieren einreihen muss, denen er mit seinem ganzen materiellen Besitz gleicht, und sogar ihr Instinkt mag ihm sicherer erscheinen als sein Verstand und seine Industrie bewundernswerter als seine Künste.» Anderswo stellt er fest, dass «die Vierhänder die große Lücke zwischen Mensch und Vierfüßer füllen. [.....] Wenn wir nur auf die Figur schauen, könnten wir auch dieses Tier (Orang-Utan[19]) als der erste der Affen oder der letzte der Menschen betrachten, denn mit Ausnahme der Seele fehlt ihm nichts von allem, was wir haben, und weil er sich von dem Menschen körperlich weniger unterscheidet als von anderen Tieren die den selben Affennamen erhalten haben.»

Er ist der erste, der paläogeographische Argumente verwendet hat um Abweichungen von Faunen verständlich zu machen, die von einer gemeinsamen Abstammung kamen. Vielleicht wagte er es nicht, eine Theorie des Ursprungs und der Verwandlung von Arten zu entwickeln, um nicht bei seinen Zeitgenossen mit all ihren Vorurteilen Anstoß zu erregen?

Aber dem Jean-Baptiste-Pierre-Antoine de Monet, Ritter von Lamarck (1744-1829), steht zweifellos der Titel Gründer der Abstammungslehre zu, weil er es war, der der Wissenschaft eine positive und rationale Erklärung gebracht hat über die Entstehung der lebenden Welt. Er war der erste, der einen Stammbaum von Tieren entwarf. Er versicherte, dass «der gewöhnliche Gebrauch eines Organs, besonders wenn er häufig ausgeübt wird, dieses Organ stärkt, es entwickelt, vergrößert, und seine Fähigkeiten erweitert». Diese letzte Bemerkung wird oft durch die Formulierung zusammengefasst: die Funktion erzeugt das Organ. Sehr im

[19] Damals bezog sich der Name Orang-Utan auf alle Menschenaffen.

Voraus über seine Zeit, schienen seine Ideen zu gewagt und verhinderten, dass er einer verdienten Berühmtheit genoss.

Nach Lamarck war Georges Cuvier (1769-1832), ein französischer Zoologe und Paläontologe, der Begründer der anatomischen Wissenschaft, die der vergleichenden Anatomie voranging. Er ist der Entdecker des Gesetzes der anatomischen Zusammenhänge. Dieses Gesetz bringt die Idee zum Ausdruck, dass die Form und Anordnung bestimmter Organe die Form und die Anordnung bestimmter anderer Organe mit sich bringt. Im Jahr 1812 veröffentlichte er seine *Forschungen über die fossilen Knochen der Vierfüßler*, wobei er sich für diese Arbeit seines Gesetzes half, dass er wie folgt ausdrückt: «Jede Art von Wesen könnte im äußersten Falle durch jedes Bruchstück seiner eigenen Teile erkannt werden. [.....] Jedes organisierte Wesen bildet ein Ganzes, ein einzigartiges und geschlossenes System, dessen Teile einander entsprechen und zur gleichen endgültigen Handlung durch eine wechselseitige Aktion mitwirken. Keines seiner Teile kann sich ändern, ohne dass sich auch die anderen ändern, und daher weist jedes von ihnen, getrennt betrachtet, auf alle anderen und dominiert sie. Die Eingeweide eines Tieres sind so organisiert, dass sie nur frisches Fleisch verdauen, es ist auch notwendig, dass die Kiefer in der Lage sind die Beute zu verschlingen; seine Klauen sollen es ergreifen und zerreißen; seine Zähne schneiden und teilen; das ganze System seiner Bewegungsorgane um es zu verfolgen und zu erreichen; seine Sinnesorgane um es von weitem zu sehen; die Natur muss sogar seinem Gehirn den erforderlichen Trieb gegeben haben um sich vor seinen Opfern zu verstecken und ihnen Fallen zu stellen. Dies sind die allgemeinen Bedingungen der Fleischfresser. Wenn wir nur ein gut erhaltenes Knochenende haben, können wir mit Fleiß und Geschick, die Analogie und den tatsächlichen Vergleich all dieser Dinge so sicher bestimmen, als ob man das ganze Tier besessen hätte.

Heute wissen wir, dass diese Reglen nicht immer mit den Fakten übereinstimmen. Trotzdem gelang es ihm nach diesen Prinzipien, die auf einem großen anatomischen Wissen beruhten, eine Reihe von fossilen Wirbeltieren, von denen er nur wenige Überreste hatte, wieder genau aufzubauen. Anhand dieser Fossilien bewies er die Existenz ausgestorbener Arten. Obwohl Cuvier den evolutionistischen Konzepten entgegengesetzt war, ermöglichte er die Entstehung der modernen Abstammungslehre indem er das Fortbestehen und die genetische Zugehörigkeit von Fossilien und gegenwärtigen Spezies bewies, ohne es wirklich zuzugeben. Er ahnte nicht, dass dank seiner Werke, die Abstammungslehre von der Sphäre der Spekulation zu der der Tatsachen hinführen würde. Er ist der Hauptgründer der Paläontologie.

Charles Robert Darwin (1809-1882), englischer Naturforscher, Philosoph und Dichter, fand die Offenbarung der Abstammungslehre oder Evolution während einer Reise um die Welt. «Während der Reise an Bord der *Beagle*, schreibt er in seinen Lebenserinnerungen, war ich tief beeindruckt von der Entdeckung großer Fossilien von Tieren in den pampaischen Regionen, die mit Rüstungen wie die der heutigen Gürteltiere bedeckt waren; zweitens wie sich die eng verwandten Tiere während dem Vorrücken nach Süden gegenseitig austauschen; drittens durch die südamerikanischen Merkmale der meisten Erzeugungen der Galapagosinselketten und insbesondere durch die Art und Weise, wie sie sich geringfügig in den verschiedenen Inseln untereinander unterscheiden; keine dieser Inseln scheint im geologischen Sinne betrachtet, alt zu sein. Es war offensichtlich, dass solche und andere Tatsachen nur durch die Annahme erklärt werden konnten, dass Arten sich allmählich verändert haben; und das Thema lies mir keine Ruhe.» Darwin, Gelehrter und Denker sowie Botaniker und Geologe, meditierte und sammelte viele Jahre lang günstige Dokumente für seine These.

1859 veröffentlichte er sein berühmtes Werk über die Entstehung der Arten. Seine einfachen Prinzipien sind von der *Abhandlung der Bevölkerung* des englischen Ökonomen Thomas Robert Malthus (1766-1834) beeinflusst, Abhandlung in welcher Malthus argumentierte, dass die Demographie schneller wächst als die Nahrungsmittelproduktion; aus diesem Ungleichgewicht entsteht eine Konkurrenz zwischen den Individuen wobei die weniger begabten verschwinden. Er erklärte somit die große Zahl armer Menschen in der englischen Gesellschaft am Ende des 18. Jahrhunderts. Darwin wandte diese Auffassung auf Tieren an, bei der Eroberung von Nahrung und Raum, von denen einige anderen unterlegen sein würden. Nur die den Umständen am besten angepasst sind bestehen weiter. Daher der Begriff der «natürlichen Auslese». So verknüpfte er fossile Formen mit heute lebenden Formen. Der Einfluss von

Darwins Ideen auf die Zukunft der Abstammungstheorien war entscheidend.

Der Deutsche Ernst Haeckel (1834-1919) wandte sich nach dem Ausüben der Medezin in Berlin den Naturwissenschaften zu. Als Professor an der Universität Jena publizierte er 1866 die *allgemeine Morphologie der Organismen*, in der er das fundamentale biogenetische Gesetz formuliert. Gemäß diesem Gesetz ist die «Ontogenie (das embryonale Wachstum [d.V.]) eine verkürzte und schnelle Zusammenfassung der Phylogenie die durch die physiologischen Funktionen der Vererbung (Reproduktion [d.V.]) und Adaptation (Ernährung [d.V.]) reguliert wird. Das organische Wesen wiederholt während des schnellen und kurzen Verlaufs seiner individuellen Entwicklung die wesentlichen Formveränderungen denen seine Vorfahren während des langen und langsamen Verlaufs ihrer paläontologischen Entwicklung gemäß den Gesetzen der Vererbung und Anpassung unterworfen waren.» Säugetiere haben in ihren frühesten Stadien ein röhrenförmiges Herz, das in s gekrümmt ist und nicht ohne Analogie mit dem des Fisches ist. Wirbeltierembryos besitzen eine dorsale Schnur, wie einfachere Wesen wie die «Tunikaten» (primitive Meerestiere, die in allen Meeren leben, von der Oberfläche bis zum Abgrund), «Agnathes» (Meerestiere ohne Kiefern mit einer trichterförmigen Mundöffnung) und «Amphioxus» (ein im Sand lebendes Tier in der Nähe von Stränden und das Kiemen besitzt).

Um diese Schnur richten sich die Wirbelkörper aus. Seitlich der zervikalen Zone der Säugetierembryonen höhlen sich die Brachialspalten aus die an das Atmungssystem von Fischen erinnern. Es sei darauf hingewiesen, dass diese Theorie von dem deutschen Anatom Johann Friedrich Meckel (1781-1833) vorausgesehen war, aber von seinem französischen Kollegen Antoine Serres (1786-1868) in seiner *vergleichenden Anatomie* vorgetragen wurde, Anatomie in der er schon 1824 schrieb: «der Mensch wird erst dann zum Menschen wenn er vorübergehende organisatorische Zustände durchlaufen hat welche ihn mit den Fischen, dann Reptilien und schließlich Vögeln und Säugetieren assimilieren.» Die Überlegungen dieser Zeiten halfen, die darwinischen Ideen weiter zu entwickeln und die Abstammungslehre voranzutreiben. Unter dem Einfluss der neuen Argumente verloren die Kreationisten an Glaubwürdigkeit. Die beobachteten Tatsachen häuften sich an, um die Gültigkeit der Abstammunsglehre zu bestätigen.

Der deutsche Arzt August Weismann (1834-1914), der sich der Biologie widmete und die Ideen von Darwin wieder aufgriff, wandte sich ganz besonders der Fortpflanzung der Lebewesen zu. Seine Doktrine, kompromissloser als Darwins, wurde «Neodarwinismus» genannt. Für Weismann übertragen nur die Keime (Fortpflanzungszellen oder Gameten) die genetische Vererbung durch die Reproduktion und nicht das Soma (alle Zellen des Körpers außer den reproduktiven oder Keime). Er glaubte nicht an den Einfluss der Umwelt auf die Übertragung von Merkmalen. Der große Verdienst von Weismann war, die entscheidende Rolle zu erraten, die die Chromosomen in der Manifestation der Vererbung spielten.

Der niederländische Botaniker Hugo De Vries (1848-1935) entdeckte während seiner Arbeit an Pflanzen Mutationen, die ihn dazu brachten, eine neue transformistische Theorie, den «Mutationismus», zu entwickeln. Laut De Vries, findet die zufällige Fortentwicklung durch zufällige, erbliche und diskontinuierliche Variationen statt: die Mutationen.

Der amerikanische Biologe Thomas Hunt Morgan (1866-1945) war einer der Schöpfer der modernen Genetik. Morgan und seine britischen und amerikanischen Kollegen haben die Ergebnisse ihrer Forschung in die Darwin'sche Doktrin eingefügt, indem sie die Weismann'sche These von der Unabhängigkeit der Keime in Bezug auf das Soma adoptiert haben und betrachten, dass die einzige Abwandlung, die einen evolutionären Wert besitzt, Mutation ist. De Vries, gefolgt von Morgan und den meisten Genetikern, vertrat die Ansicht, dass die natürliche Auslese auf Mutanten erfolgt, gute Mutationen bewahrt und schlechte beseitigt. Langsam aber sicher wurde der Darwinismus, durch die Verarbeitung der neuen Daten der Biologie, zu etwas was der britische Biologe Jan Huxley (1887-1975) die «synthetische Artentransformation» nannte und andere den schon von Weismann erwähnten «Neodarwinismus».

Die allgemein akzeptierte Idee über den Ursprung einer «politisch korrekten» menschlichen Zweibeinigkeit (Bipedie) geht seit mehr als einem Jahrhundert davon aus, dass unsere Abstammungslinie als die Nachkommen eines Vorfahren von einem in Bäumen lebenden Primaten ist, welcher an diese Lebensweise angepasst war, also mit greifenden Händen und Füßen. Und von diesem Primaten ist unsere heutige Anatomie abgeleitet.

Der erste, der diese Annahme machte, war 1863 der englische Physiologe Thomas Henry Huxley (1825-1895), und die Paläontologen sind ihm seitdem gefolgt. Er hatte, in Übereinstimmung mit Darwin, die Ähnlichkeiten des Menschen mit den Anthropoiden bewiesen. Haeckel folgte ihnen sowie der britische Anatom Arthur Keith (1866-1955), der vorschlug, dass die menschliche Nachkommenschaft von einem schwinghangelnden Vorfahren des Typen Gibbon (Hylobaten) hervorging. Im Anschluss daran haben Gregory und Dudley Morton (1884-1960) zu Beginn des letzten Jahrhunderts festgestellt, dass Menschen den Schimpansen und Gorillas nahe stehen, wobei sie mehr die Ähnlichkeiten als die Unterschiede berücksichtigten. Was Schultz betrifft, so war er Anhänger eines baumähnlichen Vorfahrens, der sich sowohl von den Gibbons aber auch den heutigen Menschenaffen unterschied.

Diesen Ideen setzten sich der Franzose Marcellin Boule (1861-1942), die Amerikaner Henry Fairfield Osborn (1857-1935) und Frederick Wood-Jones (1879-1954), später Williams Straus (1927-1966) und Wilfred Le Gros-Clark (1895-1971) entgegen. Sie waren der Meinung, dass Menschen und Menschaffen nicht von einem Affen Vorfahren, sondern von einem primitiveren Primaten abstammten. Wood-Jones bestand auf einer sehr alten Trennung zwischen Affen und Menschen, Vierbeinersäugetieren aus dem Trias. Straus glaubte, dass der Mensch sehr früh von einem menschenähnlichen (anthropoid) Stamm abgeweicht hatte. Er basierte seine Überlegungen auf die Ähnlichkeit der menschlichen Hand mit der von kleinen Affen, während sie sich sehr von den Menschenaffen unterscheidet.

In den sechziger Jahren zeigten die Entdeckungen der Molekulargenetik mit Morris Goodman, Vincent Sarich und Alan Wilson sowie Bernard Dutrillaux die engen Beziehungen zwischen Menschen und Menschenaffen. Unter Berücksichtigung dieser Informationen schlug Sherwood Washburn eine *knuckle-walking* (Knöchelfortbewegung) Phase vor. Die Entwicklung der Bipedie folgte erst danach. Er hat jedoch wenig Argumente, um seine Annahme zu unterstützen. Er zitiert die relative Abwesenheit von Haaren auf dem zweiten Fingerglied der menschlichen Hände, aber wie Tuttle darauf hinweist, ist dieser Mangel an Haaren häufiger an den Gliedern der Zehen; Die Fortbewegung vom Vorfahren des Menschen auf dem Rücken der Zehengliedern (*pedal knuckle-walking*) wurde auch nie erwähnt. Wasburn scheint seine Meinung geändert zu haben mit der Entdeckung der Fossilien von Australopithecinen, die, wenn sie auch keine Spur von *knuckle-walking* hinterlassen haben, nicht weniger Merkmale besaßen, die ein mögliches Schwinghangeln vermuten ließ. Weinert hatte für den Menschen und den Schimpansen einen gemeinsamen Vorfahren mit dem Gorilla, dem Orang-Utan und dem Gibbon vorgeschlagen, obwohl dieser genetisch unklassifizierbar war. Schulz, sich dieser Sache entgegensetzend, weist darauf hin, dass nur die großen afrikanischen Affen und der Mensch einen verwachsenen Mittelknochen in der Hand besitzen, gelegentlich auch der Orang-Utan und der Gibbon und manchmal auch der Schimpanse. Mit diesen Bemerkungen wurde jahrzehntelang der Glaube an einen Vorfahren der die Knöchelfortbewegung (*knuckle-walking*) praktizierte aufgegeben.

Mit der Zunahme der Anzahl freigelegter Fossilien gaben die Forscher die Idee eines kleinen Vorfahren der ein Schwinghangeln ähnlich dem Gibbon praktiziert hätte auf. Das aktuelle Problem dreht sich zunächst um eine mehr oder weniger erdverbundene Fortbewegung des Vorgängers, um eine mehr oder weniger häufige Anwendung eines vertikalen Kletterns und Schwinghangeln und schließlich um eine Nutzung oder nicht der Fortbewegung auf den Phalangen der Hände, ausschließlich jeglicher Bipedie. Auf dem Boden stützt der Orang-Utan seine Hände auf den Rücken der zweiten Phalanx wie der Schimpanse und der Gorilla, aber er kann auch auf den Handrücken laufen.

Sind diese Theorien mit den Gesetzen der Abstammungslehre vereinbar?

Wenn wir zwei Hauptwege des Lebens bei dem Vorfahren der menschlichen Nachkommenschaft betrachten, war dieser Vorfahr entweder ein auf dem Boden lebender Vierfüßler oder er teilte sein Leben zwischen dem Boden und den Bäumen. Wenn er Vierfüßler war, wie legte er seine Hand? Flach wie die kleinen Digitigradaffen die eine Rückenbeugung zwischen den Fingern und dem Metacarpus besitzen, oder auf den zweiten Fingerphalangen wie die Menschenaffen oder ganz flach wie das kleine Menschenkind?

Wenn er sein Leben zwischen dem Boden und den Bäumen teilte, entsprechend seinem Gewicht und dem Durchmesser der Stütze, hielt er sich und presste die Zweige mit seinen Fingern wie die Affen oder ging er flach mit Händen und Füßen auf ihnen oder legte er die Fußsohlen wobei er die Zweige mit den Händen umklammerte wie es der jetzige Mensch tun würde?

Um diese Fragen zu beantworten kann man gewiss die lebenden Primaten beobachten, aber das Problem entsteht mit den schon längst ausgestorbenen Australopithecinen. Man kann nur aus vergleichenden Anatomieuntersuchungen Schlüsse ziehen. Und hier liegt der Mangel an Konsens unter den Forschern die an diesem Problem interessiert sind.

Es ist allgemein anerkannt, dass der hypothetische Vorfahr des Menschen eine Art Australopithecus ist. Er müsste dann die Spezialisierungsmerkmale in seinem Skelett haben, die eine Lebensweise in Verbindung mit dem Klettern und dem Schwinghangeln zum Ausdruck bringt.

Angelsächsiche Forscher glauben, dass sich der zweifüßige Gang oder die Bipedie von einer vertikalen Position in den Bäumen entwickelt hat, also ein mehr oder weniger auf Bäumen lebender Primat. Die französische Schule, unter der Leitung von Yves Coppens tendiert eher zu Gunsten eines auf dem Boden lebenden Vierfüßler welcher sich unter dem Druck bestimmter Umweltbedingungen aufgerichtet hat. Die Umweltbedingungen konnten zum Beispiel die Bildung der Rift Valley (Ostafrika) gewesen sein die eine Ausdehnung der Grassteppe oder Savanne auf Kosten des Waldes begünstigt hätte. Die klimatischen Bedingungen und die Nahrungssuche hätten dann eine entscheidende Rolle bei dem sich Aufrichten und somit auch der morphologischen Entwicklung dieses Primaten gespielt.

Die verschiedenen morphologischen Aspekte des vermeintlichen Vorfahrens variieren je nachdem, ob es sich um einen auf dem Boden lebenden Vierfüßler handelte oder um einen Kletterer und Schwinghangler auf den Bäumen.

Der Vorfahr, ein auf dem Boden lebender Vierfüßler?

Die Annahme eines auf dem Boden lebenden Vierbeiners setzt aus anatomischer Sicht einen ziemlich langgestreckten und schmalen Rumpf voraus der tiefer als breiter ist. Seine Glieder wären «parasagittal» angeordnet gewesen, das heißt parallel zur Sagittalebene (die den Körper in zwei gleiche Teile teilt, die Ebene der bilateralen Symmetrie eines Tieres). Die Gelenke der Hüfte, Schulter und die Handgelenke mussten notgedrungen stabil sein und ihre Beweglichkeit eingeschränkt. Ein Hund kann seine Glieder leicht hin und her bewegen, aber sehr wenig seitlich. Außerdem mussten die vorderen Körperglieder mindestens auch so lang sein wie die hinteren Körperglieder. Was seine Füße betrifft, so wäre seine Fortbewegung entweder die eines Sohlengängers wie der Bär gewesen, das einzige Sohlengängersäugetier mit Außnahme der Primaten, oder ein Zehengänger (digitigrade Gangart).

Was die Hand betrifft, so konnte er wie die kleinen Affen palmigrade sein aber letztere legen hauptsächlich alle Finger auf den Boden. Es ist nur der kleine Mensch, der seine ganze Hand auf den Boden legt solange er auf sich auf allen Vieren bewegt. Wäre er digitigrade, würde dies eine Verlängerung der langen distalen Knochen bedeuten, mit langen Mittelhandknochen (Ossa Metacarpalia) und Metatarsalia und kurzen Finger und Zehen mit dicken Phalangen, wobei das Gewicht auf den Fingern und Köpfen der Mittelhandknochen (Metacarpalia) ruht. Unter diesen Bedingungen ist es notwendig, dass die Extremitäten ausreichend robust und anatomisch organisiert sind um den Kräften standzuhalten, die während der Verlagerung durch das Gewicht des Körpers ausgeübt werden. Dies setzt ein relativ leichtes Tier voraus. Schließlich hätte sich der Vorfahr auf den Fingerknöcheln bewegen können, sprich *knuckle-walking*, die Hände hätten dann die Eigenschaften der Menschenaffen gezeigt: Daumenverkürzerung und besondere Morphologie des Handgelenks, von der Handwurzel und Mittelhandknochen, mit Einschränkung und sogar möglicher Blockierung des Fingergrundgelenks (Metacarpophalangealgelenk).

Wenn dieser Vorfahre als Vierfüßler auf dem Boden gelebt hätte, wären diese Merkmale zu weit von der menschlichen Anatomie entfernt um keine Spur auf seinem gegenwärtigen Körper zu hinterlassen. Schließlich deuten die Phalangen der Hände und Füße der fossilen Hominiden, die eine deutliche Krümmung aufweisen, auf die Angewohnheit hin, Äste zu ergreifen und somit ein baumartiges Leben zu führen. Diese Knochenmorphologie spiegelt eine Spezialisierung für eine bestimmte Lebensweise wider. Außerdem erscheint der Rumpf der ersten Hominiden breit und flach, das Schultergelenk ist seitlich gerichtet und zeigt große Beweglichkeit. All diese vereinten Merkmale setzen sich einem auf dem Boden lebenden Vierbeiner Vorfahre entgegen.

Es gab viele Annahmen und einige ziemlich erstaunlich. Hatte der amerikanische Forscher Lovejoy nicht behauptet, dass der weibliche Australopithecus, der im Nest bleiben muss, um sich um die Jungen zu kümmern, ein Vierfüßler gewesen wäre, während der Rüde sich auf seine Hinterbeine hätte stellen müssen um Nahrung zu suchen bzw. zu holen und somit die Bipedie erworb? Im Falle eines in den Bäumen lebenden Vorfahren, hätte er entweder ein Baumvierfüßler oder ein Kletterer sein können oder gar ein Gibbon-Typ, d.h. ein totaler Brachiator (ohne Benützung seiner Füße während der Fortbewegung in den Bäumen) und ein Schwinghangeln.

Der Vorfahr, ein Baumvierfüßler?

Als Baumvierfüßler, hätte er notwendigerweise den meisten gegenwärtigen Affen mit den spezifischen Merkmalen der auf dem Boden lebenden Vierbeinern geglichen. In den Bäumen bedeutet eine Biegsamkeit der Stütze eine bessere Fortbewegung. Die Hände und Füße wären dann von mittlerer Länge gewesen, zwischen den auf dem Boden lebenden Affen und den Affen wie Kletterer oder Schwinghangler. Er hätte einen ersten langen und auseinanderlaufenden Finger gehabt um kleine Äste zu ergreifen. Kleinwüchsig, mit fast gleichlangen Gliedmaßen, schmalen Brustkorb, ein nach vorne gerichtetes Schulterblatt und stabile Schultern und Handgelenke. Die relative Größe der fossilen Hominiden widerspricht diesem Denkmodell ebenso wie dem vorhergehenden. Außerdem ist das Schultergelenk beim Menschen recht beweglich, der Brustkorb eher breit, die Wirbelsäule tief gelegen. Es besteht eine deutliche Verringerung des «Erbsenbeinknochens» (Knochen der den Winkel der Handfläche gegenüber dem Daumen und dem Ringfinger bildet), wobei wir wissen, dass er lang und entwickelt ist bei allen Primaten die ihre Hand benutzen, egal ob als Digitigrad (Zehengänger), Palmigrad (Sohlengänger) oder mit *knuckle-walking*.

Der Vorfahr, ein Baumkletterer?

Die Annahme eines Baumkletterers setzt voraus, dass er ständig in den Bäumen lebte, dass er Glieder mit großer Beweglichkeit besaß die somit ein Schwinghangeln erlaubten. Er benutzte verschiedene Stützen, darunter einige Vertkale. In diesem Fall hätte der Vorfahre der zweibeinigen Hominiden keine erdverbundene Komponente in seinem lokomotorischen Repertoire gehabt. Ein Verhalten dieser Art von Klettern erinnert an den Orang-Utan. Dies ist derzeit die häufigste Annahme. Sie basiert auf Merkmalen die bei Menschen und Menschenaffen konserviert geblieben sind, auf biomechanischen Ähnlichkeiten und dem vertikalen Klettern der Menschenaffen und schließlich auf den vielen Merkmalen bei der Fortbewegung in Bäumen. Einige glauben, dass mehrere Aspekte vom Skelett des heutigen Menschen, besonders auf der Ebene des Rumpfes und der oberen Gliedern, ein Erbe des Baumkletterers sind: die dorsale Position des Schulterblatts gegenüber dem Brustkorb sowie eine Beweglichkeit der Schulter die an die Menschenaffen erinnert, obwohl die des Menschen sich als viel geringer beweist. Diese Eigenschaft ist auch bei fossilen Hominiden vorhanden.

Für mich wie auch für andere sind diese gemeinsamen Merkmale der drei Gattungen wie Menschenaffen, Australopithecinen und Menschen bestimmt von einem gemeinsamen Vorfahren geerbt. Aber meiner Meinung nach, nichts beweist, dass dieser Vorfahre ein Baumbewohner war, eine gewisse Anzahl anderer Merkmale zeigen das Gegenteil.

Einige bekräftigen ihre Beweisführung und behaupten, dass die gleichen Muskeln bei der Streckung und Drehung des Oberschenkels im vertikalen Klettern des Schimpansen und bei der menschlichen Fortbewegung (Bipedie) in Anspruch genommen werden. Gewiss, da unser Organisationsplan der Muskeln den anderen Primaten sehr nahe liegt, da wir der gleichen zoologischen Ordnung angehören, vergessen diese Spezialisten einen zusätzlichen Muskel im Bein des Schimpansen zu erwähnen, den langen Abspreizmuskel der großen Zeh (*musculus abductor hallucis longus*), abwesend bei uns Menschen. Dieser Muskel, der wesentliche Abduktor des ersten Mittelfußknochens ist obendrein ein sehr starker Supinator (neigt dazu, die Fußsohle nach innen zu drehen) des gesamten Fußes, den er in Richtung des Beins biegt. Im natürlichen Verhalten von Schimpansen notiert man, dass der erste Zeh sich häufiger in der Abduktion (das Abspreizen gegenüber den anderen Zehen) als Adduktion (seitliche Heranführung) befindet. Bei der Fortbewegung auf den Ästen wird der erste Zeh des Fußes als innere Klammer verwendet, gegenüber den vier seitlichen Zehen, die gemeinsam mit dieser Klammer einen Griff um diesen Ast gewährleisten.

Beim Bewegen auf dem Boden drückt der Fuß auf den äußeren Rand und die erste Zeh dient als Stütze. Es muß auch auf die unterschiedliche Entwicklung der Muskeln in diesen beiden Sorten geachtet werden. Z. B. endet der vordere Peroneus (Musculus peroneus tertius), der bei Affen nie existiert, auf der Basis des fünften Mittelfußknochens beim Menschen und hebt den äußeren Rand seines Fußes an. Er trägt zur v*algus* Position (Abspreizung nach außen wie im *hallux valgus*) des menschlichen Fußes bei, im Gegensatz zum Varus bei den Menschenaffen. Der rechte innere Muskel (musculus gracilis), dessen lateinischer Name seine schwache Entwicklung beim Menschen beschreibt, ist bei den Menschenaffen sehr stark, da mit dem Klettern verbunden. Ein anders Beispiel: Wenn die Muskeln des Oberschenkels beim Schimpansen besonders kräftig sind, sind die Gesäßmuskeln sehr reduziert. Menschenaffen haben kein Gesäß. Die Menschen haben sehr entwickelte Gesäßmuskeln, die sogar automatisch bei der Aufrechterhaltung beansprucht werden. Beim Menschen gibt es drei Gesäßmuskeln: der kleine Gesäßmuskel, der mittlere und der große Gesäßmuskel. Dieser letzte Muskel ist gleichzeitig der größte und der stärkste des menschlichen Organismus. Er gibt der Gesäßbacke Gestalt. Man kann sogar etwas übertrieben sagen, dass «das Gesäß den Menschen formt».

Laut Christine Berge, eine französische Anthropologin am National Museum für Naturgeschichte die sich intentiv mit dem Becken der Australopithecinen beschäftigt hat, lassen sich Muskeln nur in ihr Becken einfügen, unter der Vorbedingung sie so anzuordnen wie bei den heutigen Menschenaffen. Daraus lässt sich entnehmen, dass die Australopithecinen sich beim Aufrichten es so machten wie die heutigen Menschenaffen. Einige Merkmale der ersten fossilen Hominiden ähneln denen der Menschenaffen: gekrümmte Finger und Zehen, Vorhandensein von Höckern (lateraler Epicondylus des Oberarmknochens) zur Einfügung der Beugemuskulatur des Unterarms, sehr deutliche Spuren von der Einfügung der Muskeln des Oberarms, oder Formen der Köpfe der Mittelfußknochen.

Ich frage mich, warum so viele Ähnlichkeiten in der Knochenanatomie der Australopithecinen und Menschenaffen zu der Behauptung geführt hat, dass die Australopithecinen wie die Menschen aufrecht gingen......

Die Anthropologen berücksichtigen nicht immer diese Tatsache: die Wichtigkeit einer Hervorhebung durch die hinterlassene Einfügung einer Muskelsehne steht in keinem Verhältnis zur Kraft dieses Muskels. Ein schwacher und nicht voluminöser Muskel kann eine starke Spur seiner Einfügung hinterlassen. Umgekehrt kann ein starker Muskel eine kaum sichtbare Spur am Knochen hinterlassen: eine bekannte Beobachtung orthopädischer Chirurgen.

Andere Merkmale vom Skelett der Australopithecinen liegen zwischen der Körperform der gegenwärtigen Menschen und den großen Menschenaffen: die relativen Längen des Oberschenkels, vom Pisiform, der Apophyse des gekrümmten Knochens der Hand, der Finger und der Zehen, und die relativen Abmessungen des Oberschenkelkopfes und der Gelenke der Lendenwirbeln, des Kreuzbeins und Kreuz-Darmbeingelenk (Sakroiliakalgelenk). Viele Forscher sehen darin primitive Merkmale geerbt von einem zum Klettern und Schwinhangeln angepassten Vorfahren. Aber nicht alle sind über das Erscheinungsdatum dieser Merkmale bei dem Vorfahren der Hominiden einig.

Einige amerikanische Forscher sind der Meinung, dass der Knöchelgang (*knuckle-walking)* sowie die gekrümmten Finger die Reste eines Kletterers sind. Ich bin eher der Meinung, dass dies eine Anpassung ist, eine neue Form der Quadrupedie für Primaten mit einer Anatomie für das Baumklettern. In der Tat sind bei diesen Baumkletterer die Finger angewinkelt um Haken zu bilden wenn sie sich hängen lassen. Das Strecken der Finger ist nur bei gebeugtem Ellbogen möglich.

Andere Forscher wie diejenigen in Stony Brook (Universität Bundesstaat New-York) ziehen die Idee eines Vorfahren als Baumkletterer der den Knöchelgang benutzt hätte nicht in Betracht weil man seine Eigenschaften nicht im Metacarpus von Australopithecus afarensis wie Lucy (Äthiopien), Australopithecus africanus (Südafrika) und Homo habilis (Tansania) wiedergefunden hat. Ich habe davon keine Spuren in der Hand des gegenwärtigen Menschen gefunden, aber konnte sie in der Hand des Gorillas notieren und ab und zu in der des Schimpansen.

Bei ihrer Fortbewegung benutzen die Baumkletterer alle Körperglieder als Stütze. Obendrein besitzen die meisten ihrer Gelenke sei es die der Hüfte, des Knies, des Fußknöchels, der Schulter und des Handgelenks über einer großen Schwingungsweite die es den Gliedern ermöglicht die verschiedensten Positionen einzunehmen. Die Annahme eines Vorfahren als Kletterer wird durch alle anatomische Merkmale widerlegt, die den Menschen von diesem Typ unterscheiden. Im Gegensatz zu den langen Armen und kurzen Beinen der Menschenaffen, sollte man wieder den intermembralen Index beim Menschen erwähnen, der niedrigste aller Primaten mit seinen kurzen Armen im Vergleich zur Länge der Beine, seine Finger und besonders seine kurzen, geraden und nicht gekrümmten Zehen.

Der Vorfahr, ein Gibbon-Typ?

Die Wirbelsäule des Gibbons, welche die gleiche Anzahl von Wirbeln wie der Mensch besitzt, hat einige Forscher, darunter Russel Tuttle dazu geführt, zu meinen, dass unser Vorfahr einem Primaten ähnlich dem Gibbon sein könnte. Dieser besitzt eine leichte Lendenwölbung, die beim Menschen ausgeprägter ist und als richtige Wölbung bezeichnet wird. Aber diese Wölbung existiert auch bei bestimmten

Bonobos. Für Russel Tuttle wäre dieser Vorfahr ein relativ kleiner, sehr wendiger zweibeiniger Kletterer in den Bäumen gewesen, mit einem relativ niedrigen Schwerpunkt, einem seitlich ausgerichteten Schulterblatt, einer Schulter, einem sehr beweglichen Ellbogen und Handgelenk. Bis dahin ist die Idee akzeptabel, aber was mich stört ist laut Russel Tuttle, die Vorstellung, dass der Gibbon auch einen langen Unterarm gehabt hätte obwohl kürzer als der des gegenwärtigen Gibbons, lange, gekrümmte Finger und gut entwickelte Daumen und Zehen.

Dieser Primat wird also als ein Übergang zur zweifüßigen Fortbewegung und zum Menschen vorgeschlagen und wie anzunehmen zum gegenwärtigen Gibbon. Die Struktur seiner Wirbelsäule, die zu einer besseren Beweglichkeit des Oberkörpers führt, erlaubt auch die Vorstellung einer erhöhten zweifüßigen Fortbewegung. Solch ein Gibbon hat viel Ähnlichkeiten mit einem Kletterer, zeichnet sich aber durch eine geringere Körpermasse, eine größere Lendenlänge und eine Tendenz zur Zweibeinigkeit aus. Fossile Hominiden hatten Körpergewichte die man auf ca. 35 kg schätzte, also bedeutend größer als bei diesem Vorgänger, dem ein Gewicht zwischen 9 und 13,5 kg zugewiesen wurde. Dies ist auch einer der Gründe, die ihn als unseren Vorfahren ausschließen.

Es ist besser, sich auf objektive Daten zu konzentrieren, die im Lichte der fundamentalen Entwicklungsgesetze interpretiert werden. Die Forscher sind sich einig, dass der Fuß aller Primaten der eines Sohlengängers ist, und somit auch einen erdverbundenen Gebrauch besitzt. Was aber die Vorderglieder betrifft, so gehen die Meinungen auseinander, selbst wenn es um die Interpretation anatomischer Strukturen geht......Der menschliche Oberarmknochen zeigt eine Drehung zwischen seinen beiden Extremitäten. Diese Drehung ist auch bei den Armen der Menschenaffen vorhanden. Sie ist weniger ausgeprägt beim Orang-Utan, vermutlich ein Unterschied der als Ergebnis eines systematischen Knöchelgangs interpretiert wird. Es scheint, dass diese Drehung vom Oberarm bei den in Gefangenschaft geborenen Orang-Utans wichtiger ist als bei ihren wilden Artgenossen. Man kann annehmen, dass die Tiere im Zoologischen Garten viel häufiger den Vierfüßigen Gang anwenden als wenn sie sich in ihrer ursprünglichen Waldumgebung befinden. Vorhanden bei Menschen und Menschenaffen, würde diese Drehung nicht durch die gleichen Ursachen verursacht. Es währe lehrreich, den vollständigen Oberarm eines Australopithecus zu finden um diese Drehung festzustellen oder nicht.

Leider ist der Oberarm am Skelett von Sterkfontein unvollständig da der obere Teil fehlt. Er ist dennoch äußerst interessant; er befindet sich neben der entsprechenden Ulna und gibt somit eine Vorstellung von diesem Ellenbogen, der eher dem des Orang-Utans als dem des Schimpansen ähnelt, vom Menschen ganz zu schweigen. Die Länge der Knochen vom Arm dieses Skeletts würde in die Variabilität des Menschen und des Schimpansen passen und wäre geringer als die des Orang-Utans.

Wenn das Ellenbogengelenk der Australopithecinen morphologisch nahe dem der Orang-Utans ist, bedeutet das, dass sie ihre Arme benutzten mussten, um in den Bäumen wie die großen rothaarigen Affen der Wälder von Borneo und Sumatra zu bleiben. Diese auf Bäumen lebende Aktivität wird durch die Morphologie der Köpfe der Speiche und der Ulna oder Elle (am Handgelenk) bestätigt, die denen der Knochen von Menschenaffen viel ähnlicher sind als die des Menschen.

In die Anlehnung auf dem Rücken der zweiten Fingerknöchel oder Knöchelgang sind die Gelenke des Handgelenks (Handwurzelknochen) und der Hand (Metacarpophalangeae) sehr beansprucht, da sie einen guten Teil des Körpergewichts tragen. Auf der Rückseite der Metakarpalköpfe befindet sich ein Knochenpolster der die Dorsaldehnung der ersten Phalangen begrenzt und anschließend blockiert sowie den Krümmungsradius der Metakarpalköpfe, größer dorsalseitig (handrückenseitig) als palmarseitig (handflächenseitig). Diese dorsale Zone der Metakarpalköpfe ist breiter und erstreckt sich weiter zurück als auf der Palmarseite.

Man beobachtet eine Einschränkung der Beweglichkeit dieser Gelenke beim Schimpansen und Gorilla, die diese Art der Fortbewegung praktizieren wenn sie auf dem Boden sind. Es gibt sogar eine Blockierung dieser Gelenke, wenn der Arm ausgestreckt ist. Diese Biegungsausschläge der Glieder sind eindeutig größer beim Orang-Utan oder Gibbon oder auch bei den kleinen Affen die diesen Knöchekgang nicht praktizieren. Auf dem Boden ist der Gibbon fast immer ein Zweibeiner und hält seine Arme mehr oder weniger horizontal erhoben, die wie bei den Seiltänzern als Pendel oder Gleichgewichtsstange dienen. Der Orang-Utan bewegt sich auf dem Boden indem er seine geballten Fäuste benutzt. Die kleinen Affen legen ihre Hände flach auf den Boden oder nur die Finger mit angehobener Handfläche. Da große Menschenaffen schwierig zu handhaben sind, werden radiographische Beobachtungen leider immer an toten oder anästhesierten Tieren vorgenommen, was für eine gute Kenntnis der funktionellen Aktivitäten bedauerlich ist.

Kurzum, die Merkmale der auf dem Boden lebenden Primaten sind unvereinbar mit einem rein in den Bäumen lebenden Vorfahr, egal ob Vierfüßler, Kletterer oder vom Gibbon-Typ. Umgekehrt sind die Merkmale der Kletterer mit einem Palmigrad-Vorfahren oder einem auf dem Boden lebenden Zehengänger unvereinbar. Die drei Gattungen der Menschenaffen, ebenso wie die Australopithecinen, besitzen die Eigentümlichkeiten der Kletterer mit einer Anpassung an das Leben in den Bäumen. Diese Arten besitzen eindeutig Spezialisierungen was ihre vier Glieder betrifft. Niemand kann leugnen, dass die Menschenaffen den Knöchelgang auf dem Boden anwenden, aber es ist nicht dieser Knöchelgang oder *knuckle-walking* wie eine Anzahl von Autoren behaupten der zu anatomischen Spezialisierungen führt, verbunden mit dem Schwinghangeln oder dem Klettern, sondern es ist genau das Gegenteil: Die Fortbewegung mit dem Aufstützen auf den zweiten Phalangen ist eine Anpassung an den Boden von spezialisierten Tieren an das Klettern und Schwinghangeln.

Wenn Menschenaffen als Vierbeiner nicht ihre Hände flach auf den Boden legen, ist es weil sie es nicht können. Diese Anordnung gewährleistet den Menschenaffen Sicherheit wenn sie sich mit ausgestreckten Armen an den Ästen aufhängen, wobei die zusammengefalteten Finger wie Haken funktionieren. Dies ist nicht der Fall beim Menschen, der, selbst gut trainiert, nicht sehr lange an Ästen hängen bleiben könnte, da seine Finger sich entfalten und loslassen würden. Der anatomische Charakter, der den Gebrauch des Knöchelganges verrät, nämlich das Knochenpolster am Kopf der Metacarpalia welches eine Dorsalbeugung der ersten Phalangen auf ihm begrenzt, ist am Handskelett der Schimpansen unbeständig. Die Tatsache, dass es nicht an den Händen der Australopithecinen festgestellt wurde, die ja auch wie Menschenaffen gekrümmte Phalangen haben und sowie Füße für einer Fortbewegung in Bäumen besitzen, schließt nicht einen Knöchelgang auf dem Boden aus.

Es ist sicher, was die Australopithecinen insgesamt betrifft, die Zweibeinigkeit, auf jeden Fall eine Zweibeinigkeit wie bei dem Menschen, ist nicht bewiesen. Ein in der Anatomie wohlbekanntes Gesetz ist das der Irreversibilität der Evolution, auch Dollo Gesetz genannt. Der belgische Paläontologe Louis Dollo (1851-1931) kam 1893 zu der Schlussfolgerung, dass ein Organ welches im Laufe der Zeit gewisse Elemente vorloren hat, sie nie wieder zurückerhalten kann. Um fair zu sein, muss man bemerken, dass der französische Naturforscher Edgar Quinet (1803-1875) bereits 1870 in der *Schöpfung* Ideen formuliete die ihn zum wahren Erfinder des Gesetzes der Irreversibilität machen. Er schrieb insbesondere, dass «die Natur nicht umkehrt, nicht wieder herstellt was sie zerstört hat; sie kehrt nicht zur zerbrochenen Gussform zurück. In der unendlichen Anzahl von Kombinationen, die die Zukunft enthählt, werden Sie nie zweimal die gleiche Menschheit, auch nicht die gleiche Flora und die gleiche Tierwelt sehen». Dieses Gesetz setzt sich als das Allgemeinste der Evolution durch.

Dieses wichtige Gesetz für diejenigen, die an der Evolution interessiert sind, wird sehr oft von vielen Autoren erwähnt, darunter 1965 der Professor für Paläontologie Camille Arambourg (1885-1969), Entdecker fossiler Menschen in Algerien und im Omo Tal, Äthiopien. Im Jahr 1983 schrieb Professor Jean Piveteau, Paläontologe, eine wichtige Abhandlung zu diesem Thema: «zwei grundlegende Daten, eng miteinander verwandt, werden unser rote Faden sein: 1) das Konzept der primitiven und spezialisierten Merkmale; 2) das Grundkonzept der Irreversibilität der Evolution.» In ähnlicher Weise wies 1988 der Professor für Anthropologie Jean-Louis Heim darauf hin: «eine Form, die angefangen hat, eine Richtung einzunehmen, kann nicht kehrtmachen, zu ihrem Ansatzpunkt zurückkehren und dann eine andere Richtung einnehmen.»

Man kann Beispiele von Tieren angeben die sich an neue Umgebungen angepasst haben, ohne aber ihre Zugehörigkeit zu ändern. So hat der Wal, von einem erdverbundenen Vierfüßler abstammend, seine Form an die Wasserumgebung angepasst, aber ist trotzdem ein Säugetier geblieben; der Pinguin, Wasservogel, wurde auch kein Fisch, obwohl er die Fähigkeit zu fliegen völlig verloren hat. Er verbringt auch viel Zeit auf trockenem Boden oder Meereis, besonders während der Brutzeit. Die Fledermaus fliegt, ist aber ein Säugetier geblieben.

Einige Tiere besiedelten eine neue Umgebung aber behielten dennoch ihre ursprüngliche Anatomie. So kann man die Wasseramsel oder «cinclus cinclus» anführen, der seine Vogeleigenschaften behalten hat und der jedoch wie eine Ente schwimmt und unter Wasser mit den Flügeln schlägt, mit hängenden Vogelbeinen in dem schnellen und sprudelnden Wasser und auf dem Boden geht, als ob sie auf trockenem Land wären. Sie hat keine der Merkmale eines Wasservogels. Ebenso der Dendrohyrax oder Damane der Bäume der auf fast senkrechten Stämmen klettert, wobei seine Pfoten weder Klauen noch irgendwelche andere Merkmale besitzen, die diese Möglichkeit erklären könnten. Das Verhalten und die Morphologie dieser Tiere haben sich mehr oder weniger an eine neue Lebensweise angepasst.

Der Mensch, mit den primitiven Merkmalen seiner Hand- die nicht für einen bestimmten Zweck spezialisiert ist- und seinen für eine fortwährende Zweibeinigkeit spezialisierten Füßen, kann keinen Baumkletterer oder einen erdgebundenen Quadrupede als Vorfahren gehabt haben. Weil sie der gleichen Ordnung in der Tierklassifikation angehören, haben Menschen die gleichen Fußknochen wie andere Primaten. Diese Knochen haben sich in unterschiedlichen Richtungen und Verhältnissen orientiert und entwickelt. Bei Menschenaffen und auch bei den Austrolopithecinen ist der Fuß hoch spezialisiert auf des Klettern und Schwinghangeln in Bäumen. Im Gegensatz dazu ist er bei Menschen sehr auf eine ständige Bipedie oder Zweibeinigkeit spezialisiert. Nach der Abstammungslehre in der Anatomie können diese spezialisierten Glieder nur von undifferenzierten Organen kommen, offen für alle möglichen Potenzialitäten. Der zu zahlende Preis für jede Spezialisierung ist jedoch der teilweisige oder vollständige Verzicht auf eine bestimmte Verfügbarkeit. Indem man die Tür der Spezialisierung öffnete, schloß man für immer das Spektrum für andere Möglichkeiten. Wie Thomas Ellis es 1889 formulierte :«der Knochen eines Säugetierfußes kann in eine große Vielfalt von Formen modifiziert werden. [.....] Aber die Beziehung zum ursprünglichen Typ bleibt immer noch offensichtlich.»

Hätte der Vorfahr des Menschen einen der Wege eingeschlagen wo die Hand eine lokomotorische Rolle spielt, wäre er nie in der Lage gewesen, zum undifferenzierten Ausgangspunkt zurückzukehren, um ein anderes morphologische Schema zu wählen, denn die anatomische Spezialisierung geht nie zurück: Das Pferd kann die verlorenen Finger während seiner Evolution nie wiedererlangen da es jetzt nur noch durch einen Huf geschützten Finger besitzt. Das Gleiche gilt für den Orang-Utan der seine verkümmerten Daumen nie wieder wachsen sehen wird, genauso wie der Colobus seinen verlorenen Daumen nie wieder nachwachsen sehen wird.

Wenn eine gewisse Anzahl von Anatomen das Altertum aus dem menschlichen Schema abgeleitet hatten, so erlaubte mir die Untersuchungen der Knochen und der fossilen Abdrücken bzw. Fußspuren die Altersstufe viel weiter zurückzusetzen, sowohl was den vertikalen menschlichen Gliederbau betrifft wie auch die Diskrepanz zwischen den drei großen Arten: Menchenaffen, Australopithecinen und Menschen. Die Kenntnis der Anatomie der heutigen Primaten, zusammen mit der der fossilen Knochen, erlaubt mir, das Vorhandensein einer zweibeinigen aufrechten Haltung (Bipedie) bei unserem gemeinsamen Vorfahren zu bestätigen der nie eine permanente Anpassung für eine zweibeinige oder vierbeinige Fortbewegung in den Bäumen gehabt hat. Er konnte natürlich gelegentlich auf Bäume klettern, genau so wie der heutige Mensch, um sich zum Beispiel eine Frucht zu holen. Dieses gezielte Verhalten ist mit dem der nichtmenschlichen Primaten zu vergleichen die sich auch gelegentlich auf dem Boden aufhalten.

Der amerikanische Anthropologe Williams Howells schrieb in seinem Buch *Urgeschichte und Naturgeschichte des Menschen*: «ein Tier ist spezialisiert, wenn es in einer oder in mehreren Richtungen hoch entwickelt ist, oder für ein bestimmtes Ziel organisiert ist. Die Giraffe hat sich einfach in Höhe entwickelt, durch Abänderung des Halses und der Beine. Der elektrische Aal und der Zitterrochen besitzen eine besondere Form der Spezialisierung die darin besteht, einen starken Stromschlag zu erzeugen. Die Spezialisierung strebt immer an, stetig zu wachsen, und dies in einer geraden Richtung, welche manchmal extreme Formen annimmt. da sie fast immer nützliche oder notwendige Anpassungen bildet. Die ständige Entwicklung der Elefanten und ihrer Stoßzähne bildet eine der deutlichsten Seiten der Annalen der Paläontologie.

«Die Vorteile der Spezialisierung sind zweifellos offensichtlich, aber sie haben dennoch große Nachteile die aus der Irreversibilität der Evolution resultieren, d.h. dem Prinzip, dass eine Spezies nie ein spezialisiertes Merkmal aufgeben oder reduzieren wird.»

Die Spezialisierung kann sich auf verschiedenen Stufen stabilisieren, aber niemals zurückgehen. Die Evolution kennt keine Reue. Insofern stimme ich den 1970 geäußerten Meinungen von Jacques Lessertisseur und Françoise Jouffroy, Spezialisten für vergleichende Anatomie zu, die die Auffassung vertraten, dass die menschliche Form der Höhepunkt einer «langen Ahnenreihe ist, die sich allmählich an ein irdisches und zweibeiniges Leben angepasst hat» und nicht das Ergebnis eines kürzlichen «Abstiegs von den Bäumen» von Formen die schon eine Spezialisierung begonnen hatten vergleichbar mit den aktuellen Altweltaffen! In Anlehnung an die von ihm 1970 gemachten Kurven ab Fußmessungen, Messungen welche andere Kurven ergänzten wie die 1958 von André Delmas (1910-1999), Delmas ein französischer Spezialist des Gehirns und und auch Henri Pineau (1916-1989), französischer Mathematiker und Biometriker ab Messungen der Wirbeln, schlussfolgerte Lessertisseur, dass diese Kurven «vielleicht eine der offensichtlichsten Widerlegungen der Theorie eines brachialen Ursprungs des Menschen sind. [.....] Diese Schlussfolgerung ist eher günstig für die Annahme einer Entwicklung zur menschlichen Form die über eine lange Geschlechterfolge von Vorfahren erfolgen musste, welche sich, ausgehend von einer relativ allgemeinen Form, allmählich an die Zweibeinigkeit angepasst haben.» Persönlich würde ich das Wort «allmählich» streichen und sagen «bereits» an die Zweibeinigkeit angepasste Vorfahren. Ich zitiere ihn weiterhin und stimme ihm zu: «Zwischen den Annahmen der streitenden Parteien die durch die klassischen Bilder des Menschenaffen (Huxley, Darwin, Gregory, Valois usw.) symbolisiert werden können, und des Urmenschen (Mivart, Osborn, Wood-Jones, Piveteau....) neigt sich unsere Annahme deutlich zu Letzterer.»[20] Diese Überzeugung scheint meinen eigenen Schlussfolgerungen am nächsten zu sein, mit der Nuance, dass ich einen zweibeinigen Primaten vorschlage der sowohl der Vorfahre des Menschen, als auch der Australopithecinen und Menschenaffen ist. Hierin unterscheide ich mich von der Mehrzahl der Autoren, die nicht die Möglichkeit eines bereits zweibeinigen Wesens in Erwägung gezogen haben, Wesen welches den direkten Vorfahren der eindeutig spezialisierten Spezies wie Gorilla, Schimpanse, Orang-Utan, Australopithecus und Mensch vorausgegangen wäre. Hingegen stimme ich dem deutschen Anatom Max Westenhöfer und dem belgischen Anatom Serge Frechkop sowie den französischen Zoologen Bernard Heuvelmans und François Sarre zu, die zu der selben Schlussfolgerung kamen.

Westenhöfer behauptete bereits, dass «der Mensch das Älteste der Säugetiere ist», aber auch, dass «das Studium der Morphogenese des Menschen logischerweise am Anfang der Evolution der unteren Wirbeltiere beginnen müsste und nicht von dem erreichten Zustand der Affen».

---

[20] J. Lessertisseur, 1970, «die Proportionen der unteren Gliedmaßen des Menschen im Vergleich zu denen der anderen Primaten. Ihre Bedeutung für die Anpassung an die aufgerichtete Zweibeinigkeit oder Bipedie», *Bull. Mém. Soc Anthrop.* , Paris, 6, 227-241

Kapitel 7

Pränatales und genetisches Wachstum

Im neunzehnten Jahrhundert werden Forscher, überrascht über der Ähnlichkeit der Formen von menschlichen und tierischen Embryos zu Beginn ihrer Entstehung, den Gedanken vorschlagen über einem Verhältnis zwischen der Entwicklung des Embryos und den verschiedenen Stadien der Evolution vom menschlichen Geblüt (Abb. 16). Diese uralte Auffassung wird von zeitgenössischen Forschern bestätigt. Neben der morphologischen Untersuchung liefert die Genetik ergänzende Informationen die diese Analogie nicht leugnen.

Embryos und Föten

Am Ende der vierten Woche erscheinen die Skizzen des menschlichen Embryos. Die der oberen Extremitäten (Tag 24) gehen den unteren Extremitäten leicht voraus (Tag 26). Nach rund 34 Tagen sind die Gliedmaßen in Form von Knospen. Man kann bereits den Unterschied zwischen Hand und Arm sowie Fuß und Bein feststellen, beide in Form von Paletten. Woche 7. präsentiert die Hand Strahlen, die die zukünftigen Finger bilden werden. Inzwischen haben sich die Glieder verlängert und die Segmente die dem Körper am nächsten sind, also Arm und Schenkel, beugen sich um 90° um die zukünftigen Ellbogen und Knie zu bilden. Sehr schnell erkennt man dann die Zehen die sich voneinander unterscheiden. Woche 8. erreichen Hände und Füße ihre allgemeine Form. Der Fuß besitzt eine erste Zeh, die größer als die anderen ist, aber parallel zu ihnen und sie in der Länge noch nicht überschritten hat.Am Ende der achten Woche erreichen Hand und Fuß ihre endgültigen Formen.

Abb. 16. Vergleich eines 18 Monaten alten Schimpansen und einem 20 Monaten alten Kind, Klischee von Vilem Bischof.

Vergleicht man das Wachstum von Affen mit denen vom Menschen vor der Geburt, so kann man nur verblüfft sein zwischen der Ähnlichkeit der beiden in einem frühen Stadium des fötalen Lebens, zum Beispiel zwischen dem Fötus von einem Makak von 44 Tagen und einem menschlichen Fötus von 49 Tagen. Nur der Schwanz ist beim Affen länger; die Proportionen der Gliedmaßen sind ähnlich und die Hände und Füße sind auf der gleichen Entwicklungsstufe. Diese Ähnlichkeit ist auch sehr ausgeprägt im gleichen embryonalen Stadium zwischen Gattungen wie dem Hund, dem Huhn, der Schildkröte, der Maus und dem Menschen, wie Haeckel schon 1868 zeigte.

Wenn man das embryologische Wachstum des menschlichen Fußes untersucht, erkennt man, dass die Zehen nach sieben Wochen praktisch gleich lang sind. Kaum später, etwa acht Wochen, besitzt der Fuß des Embryos bereits seine endgültige Morphologie. Außerdem konnte ich schon vor der Geburt an histologischen Schnitten (im Labor für Anatomie und der medizinischen Fakultät, Biomedizin der Saint-Pères, Paris) den spezifischen Höcker an dem seitlichen Fußgewölbe des Fersenbeins feststellen, eine Feststellung obwohl das Kind noch nicht lief. Dieser Höcker ermöglicht dem menschlichen Fuß auf dem Boden stabil zu sein und nicht nach der Außenseite zu kippen und rollen, wie es der Fall bei Schimpansen und Gorillas ist, die diese besagte *Varus* Fortbewegung haben. Die Bildung von diesem Höcker wird nicht durch das Gehen verursacht da er schon zuvor existiert. Dieser Höcker stabilisiert die Ferse auf dem Boden und verhindert, dass sie nach außen kippt. Er stellt somit durch seine An- oder Abwesenheit ein nützliches Zeichen dar über die Art der Fortbewegung. Dieser Höcker fehlt am Fersenbein der Australopithecinen.

Nachdem 1967 der Arzt François Simard den Wiederaufbau des Fußskeletts vom Embryo des Makaken vorgenommen hatte um ihn mit dem Fuß vom menschlichen Embryo zu vergleichen, schieb er:«die Analyse dieser Rekonstruktionen führt uns zu den gleichen Schlussfolgerungen als die von Schultz (1924) und etwas später von William L. Straus (1927):«die Tatsache, dass die Füße vom Menschen und den anderen Primaten im früheren Stadium der Entwicklung viel ähnlicher sind als später, da die meisten Unterschiede im Erwachsenenalter durch ein auseinanderlaufendes Wachstum stattfinden, lässt auf die Existenz eines fundamentalen Fußtyps schließen, Fußtyp von dem sich die unterschiedlichen Füße aller Primaten entwickelt und spezialisiert haben, sowohl von einem phylogenetischen wie auch ontogenetischen Standpunkt aus betrachtet.»

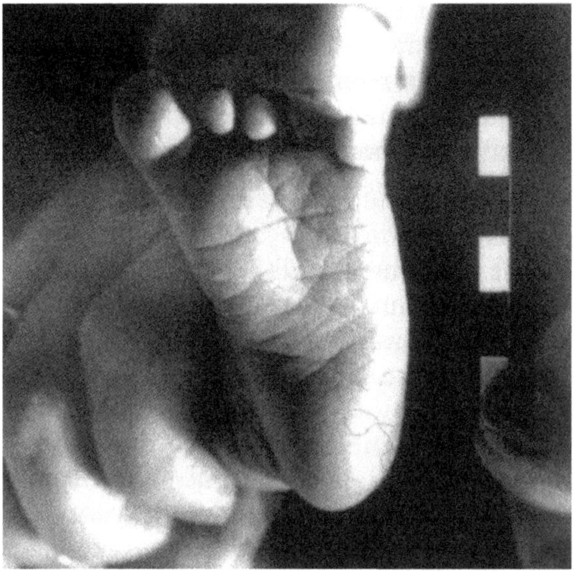

Abb. 17. Foto von der Fußsohle eines Babys am Tag seiner Geburt. Man notiert das gut geformte Fußgewölbe und die gewölbte Ferse die sich mit der Fortbewegung abflachen wird, Klischee Yvette Deloison.

1972, Robert Barone, ein Honorarprofessor an der Nationalen Tierarztschule von Lyon, erwähnt nichtmenschliche Säugetiere im Vergleich zum Menschen und fährt fort: «Die Hand und der Fuß haben die gleiche Orientierung in den frühen Stadien ihrer embryonalen Entwicklung, der Daumen ist kranial (nach oben gerichtet) und der Finger fünf kaudal (nach unten gerichtet).» Er fügt hinzu:«Die Orientierung des Fußes beim Neugeborenen kann immer noch als abgeschwächte und zeitweilige Fortdauer der ursprünglichen Disposition des Autopodiums betrachtet werden, eine Haltung, die allen Säugetieren gemeinsam ist und auf mehr oder weniger älteren Embryonen vieler Arten zu finden ist.»

Während des dritten Monats nimmt der menschliche Embryo den Namen Fötus an. Solange er den Tieren ähnelt, behält er den Namen Embryo. Wenn er die Eigenschaften seiner Spezies, in unserem Fall die menschliche erwirbt und es nicht länger möglich ist, ihn mit Tieren zu verwechseln, ändert er seinen Namen, um ein Fötus zu werden. Ich beobachtete eine große Anzahl von Füßen bei Neugeborenen am Tag ihrer Geburt. Was den Fuß vom Fötus vom Fuß eines Erwachsenen unterscheidet, abgesehen von einer allgemeinen ähnlichen Form, ist die Dünnheit der Haut welche eine Schicht Fett überlagert, aber vor allem die Sohle der Ferse die nicht flach sondern rundlich ist (Abb. 17). Erst gegen einem Jahr wird die Ferse sich abflachen, wenn das Kind gehen wird. Diese Konvexität der Ferse notiert man auf den fossilen Fußabdrücken von Laetoli, eine Bestätigung, dass diejenigen die diese Abdrücke hinterließen, nicht dauerhaft diese Art der Fortbewegung verwendeten.

In den siebziger Jahren studierte der Arzt Edmond Crelin die Anatomie von Neugeborenen. Er stellte fest, dass die Anordnung ihres Kehlkopfes (Organ der Phonation auf dem Weg der Atemwege) sich in einer hohen Lage befindet, genau so wie bei den Schimpansen. Erst zwischen drei und sechs Monaten beginnt dieses Organ langsam runterzugehen um dann die niedrige Lage einzunehmen die es ihr ganzes Leben lang einhalten wird. Er erklärte die Häufigkeit von plötzlichen Säuglingstoden zwischen diesen beiden Altersstufen durch die Verschiebung des Kehlkopfes, was zu einem Ersticken führen konnte, wenn das Kind auf dem Bauch oder Rücken lag und der Kopf zu tief war, wodurch das Freilegen vom Kehlkopf verhindert wurde um eine gute Atmung zu ermöglichen.

In der Zeitschrift für Primatologie schreiben Louis-Jean Boë und Mittarbeiter: « Im Allgemeinen:

- wird der Gaumen während des Wachstums immer tiefer;
- wächst der weiche Schleier sehr wenig und hat somit eine beachtliche Größe beim kleinen Kind im Vergleich zur Gesamtlänge seiner Vokalröhre
- erfahren das Zungenbein und die Stimmritze eine markante vertikale Verschiebung im Vergleich zu den gegenüberliegenden Wirbeln. In diesem Sinne kann man von einer Senkung des Kehlkopfes sprechen.

Was sich bei Homo sapiens deutlich verändert hat, ist die anterior-posteriore Position des Gesichtes, die sich deutlich zurückgeschoben hat um durch Okzipitalneigung unter dem Schädel Platz zu finden. Außerdem ist es die Verschiebung der Zahnlade gegenüber der Knochenbasis, die das Kinn erscheinen lässt» (Granat, 2000)[21]

---

[21] Louis-Jean Boë, Jean Granat, Jean-Louis Heim, Jean-Luc Schartz, Pierre Badin, Guillaume Barbier, Guillaume Captier, Antoine Serrurier et Nicolas Kielwasser, «Ontologische und phylogenetische Überlegungen zum Ursprung der Sprache, Zeitschrift für Primatologie [online], 3, 2011, Dokument 14, veröffentlicht am 15 Oktober 2011, nachgeschlagen am 10 Februar 2013.
URL: http://..........

Ungefähr im Alter von zwei Jahren spricht das Kind eine artikulierte Sprache wie die seiner Eltern. Die tiefe Position des Kehlkopfes könnte eine Voraussetzung für die Entwicklung artikulierter Sprache beim Menschen sein, im Gegensatz zu den Affen bei denen der Kehlkopf immer in der oberen Position bleibt.

Es ist unbestreitbar, dass während der Entwicklung des Embryos (oder der Embryogenese), die Mehrheit der Wirbeltiere ähnlich sind. Diese Ähnlichkeit hatte Ernst Haeckel 1866 zur Formulierung seiner fundamentalen biogenetischen Abstammungslehre gebracht, nämlich dass die Ontogenie eine Zusammenfassung der Phylogenie ist, das heißt, dass die Embryonalperiode die verschiedenen Entwicklungsstadien durchgehen würde, von Fischen zu Säugetieren. Aber wenn es stimmt, dass man die Kiemenbögen des menschlichen Embryos mit denen von Fischen gleichsetzen kann, so handelt es sich natürlich um den Kiemenbögen der Fischen im gleichen embryonalen Stadium. Ein Vogelembryo zum Beispiel sieht dem Embryo eines Fisches im gleichen Stadium aus, aber niemals einem erwachsenen Fisch. Wir könnten auch den Embryo des Wals erwähnen, ein Meeressäugetier, der, wenn seine Größe noch nicht 20 Millimeter erreicht hat, die Triebe der Hinterenglieder entwickelt welche später, wenn der Embryo wächst, verschwinden. Während des embryonalen Lebens erscheinen die allgemeinen Merkmale vor den spezifischen des betrachteten Tieres. Während seiner Ontogenese ist ein Affe erst ein Wirbeltier, dann ein Säugetier und erst am Ende ein Primat.

Es gibt niemals weder beim Menschen noch beim Tier, Fälle, in denen sich anstelle des Fußes eine Hand bilden würde und statt der Hand ein Fuß, obwohl man nicht eine gewisse Konstruktionshomologie zwischen den oberen und unteren Gliedmaßen leugnen kann die einem gleichen Plan folgen. Tatsächlich bestehen die Glieder von Tieren mit vier Beinen, die sogenannten Tetrapoden, aus drei Segmenten die sich nacheinander verbinden. Je mehr man sich vom Grundstock des Gliedes entfernt, um so mehr besitzt das Skelett eine zunehmende Anzahl von Elementen: das erste Segment entspricht dem Arm oder dem Schenkel und besteht aus einem einzigen Knochen, den Oberarmknochen für den Arm und den Oberschenkelknochen für den Oberschenkel. Dem zweiten Segment entsprechen der Unterarm oder das Bein. Es besteht aus zwei Knochen, die Speiche (Radius) und der Elle (cubitus) und dem Schienbein (Tibia) und Wadenbein (Fibula) für das Bein. Schließlich kommt das dritte Segment, entweder die Hand oder der Fuß. Es besteht aus drei Untersegmenten: die Knochen der Handwurzel oder Fußwurzel die in zwei Reihen angeordnet sind, dann denen des Mittelhandknochen oder Mittelfußknochen. Schließlich haben die fünf Strahlen jeweils mehreren Knochen oder Phalangen.

Wenn man sich für das Studium der Gliedmaßen interessiert, wird das Schema als primitives Modell in Betracht genommen. Da sehen wir, wie nahe die menschliche Hand an dieser archaischen Konstruktion liegt, denn ihr einziger Unterschied gegenüber der ursprunglichen Form liegt in einem zentralen Knochen, der sich in der Mitte des Handwurzelknochens befindet und vor Ende des menschlichen embryonales Leben, während des zweiten Monats, mit dem Kahnbein zusammenwächst. Die gesamte Hand wird keine anatomischen Spezialisierungen erhalten und ihre typische menschliche Polyfunktionalität behalten. Nur ihre Empfindlichkeit wird sich entwickeln und durch eine große Representationsfläche im Gehirn verwirklichen. Was den Fuß betrifft, wird er seine Morphologie mit einem spezifischen menschlichen Fußgewölbe erwerben. Der Fuß der Menschenaffen spezialisiert sich auf eine zwei-und vierbeinige Fortbewegung auf Ästen. Während der ersten 40 Tage der Embryonalentwicklung ähneln sich alle Säugetiere und ihre Füße bilden eine Art Palette in der bald fünf Strahlen sichtbar werden. Von dieser grundlegenden Pentadactyl-Struktur ausgehend werden die Knochen allmählich mit Rückbildung einiger oder Verlängerung anderer einen Fuß bilden mit zum Beispiel zwei Fingern wie beim Schwein bei dem die beiden mittleren Zehen erhalten bleiben, oder wie das Pferd mit nur noch einem Zeh und mit einem Huf versehen.

Was die Affen betrifft, so spreizt zum Beispiel beim Makak der erste Zeh bei 44 Tagen eines embryonalen Lebens deutlich von den vier anderen ab und bleibt auch kürzer. Beim menschlichen Embryo sind die Ähnlichkeiten mit 49 Tagen stark, mit Ausnahme des Schwanzes, der bei Affen viel länger ist. Beide Gattungen besitzen einen großen Kopf, einen kräftigen Rumpf, kurze Gliedmaßen, breite Hände und Füße und kleine Ohren.

Zusammenfassend, ohne strikt das Haeckelsche Gesetz zu wiederholen, nach dem die Ontogenese eine Zusammenfassung der Phylogenie ist, können das embryonale Wachstum und die morphologischen Gemeinsamkeiten der verschiedenen Gattungen sowohl Informationen über die Evolution als auch über die Form des gemeinsamen Vorfahren liefern. Richard Prum und Alan Brush in ihrem Artikel «Die Federn der Dinosaurier» der im März 2003 in *Pour la science* veröffentlicht wurde, schreiben: «mehrere neuere Entdeckungen haben es Paläontologen ermöglicht voranzukommen. So wird die frühere Idee, dass komplexe Mechanismen bezüglich der Entwicklung eines Organismus – diejenigen, die das Wachstum des Embryos bis zu seiner endgültigen Form kontrollieren – die Evolution der Anatomie der Spezies beleuchten, durch immer mehr und mehr biologischen Indizien unterstützt.» Dieser Artikel bestätigt das Interesse dieser Homologie

Genetik

Es gibt ein Sachgebiet, die Genetik, die sich seit ungefähr vierzig Jahren entwickelt und von der wir hoffen, dass sie den Einblick oder das Wissen über Fossilien unterstützen wird. Sie hat große Fortschritte in der Erforschung von heutigen Lebewesen gemacht. Das Feld der Fossilien ist viel schwieriger zu erforschen, weil die Genetik auf dem Studium der Komponenten der Zelle basiert und insbesondere auf die DNS (oder DNA) oder Desoxyribonukleinsäure, ein wesentlicher Bestandteil der Chromosomen, die materielle Trägerin der Vererbung im Zellkern. Aber die DNS wird mit der Zeit umgewandelt. Je älter ein Knochen, desto mehr wird seine DNS beschädigt, verändert und durch die

Umgebung, in der er sich befindet, «verseucht». Es wird noch einige Zeit dauern, bis die Genetik zu einer wirksamen Fossilanalyse beiträgt. Trotzdem sind Entdeckungen von heutigen Lebewesen schon sehr wichtig. Im Jahr 1991 erzählt Roger Lewin, Professor für Anatomie und Biologie an der Wayne State Universität von Michigan die Geschichte der Geburt der molekularen Anthropologie. Anfang der 60er Jahren war Morris Goodman, ein Biologe der gleichen Universität, interessiert an den Proteinen von Menschen und Affen und verglich ihre möglichen genetischen Zusammengehörigkeiten. Die Grundidee war, dass zwei ältere Arten mehr genetische Unterschiede aufweisen mussten als zwei jüngere Arten. Als Ergebnis seiner Forschungen schlug Morris Goodman ein Verwandtschaftsmodell vor, dass zur Zeit als klassich gilt. Ihm zufolge gehöhren der Gorilla, der Schimpanse und der Mensch zu derselben Gruppe, die jünger ist als der des Orang-Utans, wobei der Gibbon selbst nicht klassifizierbar ist. Nur der Orang-Utan blieb in der Familie der Pongidae oder Pongiden welche bis dato auch Gorillen und Schimpansen einschloss.

Ein paar Jahre später verwendeten Allan Wilson und Vincent Sarich, Biochemiker an der Universität von Kalifornien in Berkeley, die gleichen Techniken wie Goodman, fügten aber den Zeitfaktor hinzu, der es ihnen erlaubte zu beurteilen, wann verschiedene Arten voneinander abweichen würden. Sie schlugen fünf Millionen Jahre für die Trennung zwischen Menschenaffen und Menschen vor. Aber die Entdeckung von fossilen Überresten von Hominiden, die viel älter als fünf Millionen Jahre waren, legte nahe, dass diese Trennung viel älter war, mindestens fünfzehn oder vielleicht dreißig Millionen Jahre alt. Diese Entdeckungen entmutigten einige Anthropologen über dieser Art auf Immunologie basierender technischer Forschung. Seit 1984 haben Sarich und Wilson ihre Beobachtungen bestätigt, indem sie darauf hingewiesen haben, dass es eine Abweichung einer Linie gab, gefolgt von einer doppelten Verzweigung: zuerst trennt sich der Orang-Utan von der Ahnenlinie, dann der Gorilla und schließlich der Schimpanse und der Mensch. Diese Forscher, zusammen mit anderen, kamen zu der Überzeugung, dass der gemeinsame Vorfahre des Menschen und der zwei afrikanischen Menschenaffen, Gorillas und Schimpansen, bereits auf den Fingerknöcheln gingen. Der Mensch hätte zweitrangig die Zweibeinigkeit oder Bipedie erworben. Der Anthropologe Randall Susman, von Stony Brook, antwortete:«das ist wahrscheinlich statistisch gesehen der Fall, aber das stimmt nicht mehr, wenn man die Anatomie des menschlichen Skeletts betrachtet. Abgesehen von einem Nebenmerkmal, gibt es nichts was ich als Beweis für die Existenz von Quadrumanen unter den Vorfahren des Menschen bezeichnen würde.» Goodman, seinen Gedanken fortzetzend, schlägt vor, aus dem Schimpansen einen Halbbruder des Menschen zu machen, der auf den Fingern der Hände gegangen wäre, bevor er die Zweibeinigkeit erworben hätte.

Persönlich stimme ich Bernard Dutrillaux zu, einem Genetiker der am Institut Curie in der Abteilung für Radiobiologie arbeitet. Er schreibt in einem Artikel *die Forschung* von März 1997, dass bei der Bildung einer bestimmten

Spezies die Tradition «das Zusammentreffen von zwei Einflussfaktoren einsetzt: eine Reihe von mehr oder weniger zufälligen Genmutationen auf molekularer Ebene und den Druck von natürlicher Auslese, begünstigt durch geografische oder ökologische Isolation». Eine Genmutation ist eine plötzliche und endgültige Transformation eines Gens, die dazu führt, dass in einem Tier-oder Pflanzengeblüt Individuen mit neuem Merkmal auftreten, die keiner ihrer Vorfahren besaß und die diese Wesen ihren Nachkommen gemäß den normalen Vererbungsgezetzen übertragen. Verschiedene Schulen haben sich gebildet, die mehr oder weniger ausschließlich jeden dieser Faktoren berücksichtigen. So postulieren einige moderne Theorien, die sich auf den russischen Genetiker Dobzansky basieren welcher sich nach 1940 in den Vereinigten Staaten installierte, dass die Evolution oder Abstammungslehre in einer dichotomen Art erfolgt, die in zwei gleiche Zweige unterteil ist. Aber diese Ergebnisse werden durch die Tatsache entstellt, dass die Forschungen an der Drosophila oder Taufliege, also an einem Insekt mit nur acht Chromosomen stattgefunden hatten. Die geringe Anzahl an Chromosomen erlaubt eine Blockübertragung der Mutationsgruppe, die zu einer dichotomen Evolution führt. Die Übertragung von Genmutationen bei Säugetieren, die 40 bis 60 Chromosomen aufweisen, erfolgt jedoch nicht in einer Blockübertragung sondern laut einem Netzwerk. Die Evolution erfolgt sodann auf einer komplexeren Art und Weise. Eine andere Schule glaubt, dass Genmutationen zufällig stattfinden, was der natürlichen Auslese eine exklusive Rolle zukommen lässt, die nur gute Genmutationen in Betracht zieht. Bernard Dutrillaux ist anderer Meinung und geht so weit zu sagen, dass «im Allgemeinen, die Evolution in Etappen abläuft und dass jeder Schritt die Folgenden vorherbestimmt. Das bedeutet einfach, dass die Genmutationen die Antwort auf eine Auslese lenken, und dass danach die Auslese den Erfolg der anderen Genmutationen orientiert.» Dies ist der gleiche Vorgang, den kurz vor seinem Ende der Anatom Paul Wintrebert (1867-1966) über die Entwicklung des Embryos erklärte.

Laut Dutrillaux wurde lange angenommen, dass «jede Art ihren Karyotyp hat (der Karyotyp ist der Satz von Chromosomen einer normalen Zelle des Individuus). Aber das stimmt nicht vollkommen. Der Vergleich zwischen vielen Spezies zeigt eindeutig, dass in bestimmten Gruppen, morphologisch ähnliche Arten sehr unterschiedliche Karyotypen aufweisen, während in anderen Gruppen morphologisch unterschiedliche Arten enge oder identische Karyotypen aufweisen». Chromosomale Änderungen, so fasst er zusammen, scheinen im Laufe der Evolution wichtig zu sein. Diese Änderungen würden sich auf die Auswahl der Gameten (Reproduktionszellen) auswirken. Eine Illustration dieses Prozesses findet man beispielsweise bei der geographischen Isolierung von Tiergruppen auf Inseln oder in Tälern. Man kennt sizilianische Zwergelefanten, seit zehntausend Jahren verschollen und deren Schädel entdeckt wurden, die den Ursprung der Legende der Zyklopen der griechischen Mythologie bildeten. Dann könnten diese chromosomalen Änderungen eine Rolle bei der Ausrichtung der Populationen auf eine dichotome oder netzwerkartige Evolution spielen. Schließlich konnten sie als Motor für den Erwerb neuer Leistungsfunktionen dienen.

Im Mai 1997 schrieb Bernard Dutrillaux einen Artikel mit Florence Richard, Genetikerin am Institut Curie und CNRS, über die Chromosomenanalyse von Primaten. Er definiert eine Spezies als eine Gruppe von Individuen, die eine Reihe von individuellen Merkmalen teilen. Diese Menge von Merkmalen ist nicht genau die von gestern und wird morgen geändert sein....In den meisten Fällen ist es möglich, den Karyotyp einer Art zu definieren, da ihre Variationen meistens mäßig sind. Somit besitzen 995 von 1000 Individuen beim Menschen, das am meisten untersuchte Säugetier, den gleichen Karyotyp mit 46 Chromosomen (von denen zwei sexuelle sind), wobei die restlichen 5 abnormal sind. Wenn man die Karyotypen zweier Arten vergleicht, gibt es Unterschiede in der Anzahl oder Morphologie der Chromosomen oder beides. Zwei Arten derselben Familie haben viele identische Chromosomen. Die Folge ist, dass je weiter die Spezies entfernt sind, desto schwieriger es ist, ihre Chromosomen direkt zu vergleichen. Die klassische Systematik, d.h. die bekannte herkömmliche Klassifizierung, basiert auf zwei unabhängigen Parametern, die sich parallel entwickelt haben: die chromosomischen Änderungen und die Genmutationen, die für die morphologischen Merkmale verantwortlich sind. Gene bilden den materiellen Träger für jedes der erblichen Merkmale, die zusammen das Genom der Gameten oder den Genotyp des befruchteten Eis bilden.

Durch den Vergleich eng verwandter Arten hat Dutrillaux versucht, die gemeinsamen Elemente abzuleiten, die allgemein die Ahnenmerkmale vertreten. Zum Beispiel haben der Schimpanse, der Gorilla und der Orang-Utan ein

Chromosom, das mit dem menschlichen Chromosom 6 identisch ist, was darauf hinweist, dass ihr gemeinsamer Vorfahr dieses Chromosom sicherlich bereits besaß. Dieses Prinzip wird «Sparsamkeitsprinzip» genannt, weil es die einfachste Annahme annimmt. Dutrillaux bildete den althergebrachten Karyotyp einer Gruppe eng verwandter Arten nach: die des Menschen und der drei Menschenaffen. Wenn zwei unabhängige Rekonstitutionen das gleiche Chromosom der Ahnen erscheinen lassen, wird deutlich, dass es in der Tat eine Ahnenform für die betrachtete Art ist: in diesem Fall der Mensch, der Gorilla, der Schimpanse und der Orang-Utan. Nach der Rekonstitution des Karyotyps von Katarrhini oder Affen der Alten Welt und Platyrrhini oder Neuweltaffen sowie dem der Halbaffen fand er, dass alle diese Primaten viele Chromosomen oder ähnliche Chromosomen teilten. Er behandelte den Karyotyp der Primaten im ganzen und verglich ihn dann mit dem der Fleischfresser. Er fand dann wichtige Ähnlichkeiten mit dem althergebrachten Karyotyp von Primaten und später mit dem von plazentaren Säugetieren.

Auf der anderen Seite erkannte er, dass der Karyotyp der Maus, der so oft zum Experimentieren benutzt wurde, viel weiter entwickelt ist als der des Menschen, weil er viel weiter vom althergebrachten Karyotyp entfernt ist. Er konnte zu 80% den Karyotyp des letzten gemeinsamen Vorfahren der plazentaren Säugetiere vor hundert Millionen Jahren feststellen, viel besser als seine Morphologie, die unbekannt bleibt. Der Gibbon, dessen Karyotyp viele Änderungen escheinen lässt, bleibt unklassifizierbar. Dutrillaux fügt hinzu, dass die Abstammungslehre der Primaten oder Herrentiere sehr schnell auseinanderlaufend war. Die Hominidae hätten sich später von den anderen Herrentiere getrennt. Die Vorfahren der Schimpansen teilen sich Erwerbungen mit dem Gorilla und dem Menschen. Es besteht keinen Unterschied zwischen Gorillas, da sie alle zur gleichen Spezies gehöhren. Es gibt nur zwei chromosomale Änderungen zwischen dem Schimpansen und dem Bonobo, was der Annahme einer größeren Nähe zwischen Bonobos und Menschen widerspricht. Mit anderen Worten, der Bonobo befindet sich nicht in einer Zwischenposition zwischen dem Menschen und dem gemeinen Schimpansen. Der Mensch bleibt getrennt.

Für Professor Jean Chaline, der in Dijon ein Labor über die Entwicklung und den Ursprung des Menschen leitet und der die Ergebnisse der Gentechnik in Betracht zieht und somit auch unsere Verwandtschaft mit den Menschenaffen, hätte es drei Nachkommenschaften gegeben die sich vor ungefähr zehn Millionen Jahren getrennt hätten: vor-Gorillas, vor-Schimpansen und vor-Australopithecinen, alle drei unsere direkten Vorfahren. Ich kann seine Meinung nicht teilen, da die Australopithecinen eine spezielle angepasste Anatomie an das Klettern und Schwinghangeln in Bäumen hatten und somit nicht unsere Vorfahren sein konnten.

Chaline schlägt sogar den Prokonsul als Ursprung der drei Nachkommenschaften vor. Sein Name erhielt er weil man annahm, er wäre der Vorfahr der Schimpansen und insbesondere eines Schimpansen namens Konsul der im Londoner Zoo gelebt hatte. Prokonsul bezieht sich auf die fossilen Überreste eines zwanzig Millionen Jahre alten Affen, der in Ostafrika gefunden wurde und artverwandt war mit Dryopthecic, auch Eichenaffe genannt, aus dem Miozän Zeitalter. Letzterer, von der Größe eines Schimpansen, wäre ein anthropomorpher Affe gewesen, mit Zähnen, die zwischen denen der Menschenaffen und der Menschen liegen. Sie hätten in den Bäumen den Vierfüßler Gang sowie das Schwinghangeln angewendet.

Dass ProKonsul der Ursprung der Nachkommenschaft der heutigen Affen war, mag möglich sein, aber das er den Menschen gezeugt hätte, glaube ich nicht. Ich untersuchte die Fußknochen zweier Prokonsule. Es handelt sich um sehr spezielle und spezialisierte Knochen, sehr unterschiedlich von denen der Hominidae Nachkommenschaft. Was noch meine Meinungsverschiedenheit mit Jean Chaline verstärkt, ist die Voraussetzung die er hervorruft. Wie der berühmte Paläontologe Stephen J. Gould stellt er sich das plötzliche Auftreten einer Mutation an einem einzelnen Gen vor. Für diese beiden Forscher hätte dieses modifizierte Gen das Wachstum dieses Affen gestört, der es unmöglich gefunden hätte, sich auf allen Vieren weiter fortzubewegen und sich somit gezwungen sah, auf beiden unteren Gliedmaßen zu stehen. Seine Entwicklung in dieser Position hätte die Verkürzung seines Beckens begünstigt, das sich gleichzeitig wie das unsere vorwärts geneigt hätte. Ständig in einer Position der Einschüchterung die ihn zu einem Herrschenden in der Gruppe gemacht hätte, hätte seine sexuelle Vorrangstellung zur Übertragung seines abnormalen Gens auf die nachfolgende Generation geführt, die alle Zweifüßler geworden wären. Und schon haben wir die Australopithecinen! Jean Chaline behauptet, dass diese genetische Änderung anfangs nur eine einzelne Person betraf, die wie alle Menschenaffen in einer Gruppe von fünfzehn bis achtzehn Individuen lebte. Ein pathologisches Tier sozusagen! Aber diese Anomalie hätte ihm einen unmittelbaren Vorteil verschafft. Es hätte aus ihm oder aus ihr ein vorherrherschendes männliches oder weibliches Tier gemacht, das sein Sexualgesetz der Gruppe auferlegt hätte und sein modifiziertes Gen hätte sich sofort unter seinen Verwandten ausgebreitet. In ein oder zwei Generationen in dieser kleinen Gruppe wären alle zweibeinig geworden. Sozusagen die Geburt des Australopithecus! Man kann vermuten, dass eine solche Behinderung eher zum Tod des Betroffenen geführt hätte.

Welche Kommentare soll man nach solchen Vorschlägen machen? Erstens waren Australopithecinen aufgrund ihrer Anatomie notwendigerweise schlechte Zweifüßler. Zweitens wäre diese Anomalie sofort erblich gewesen, weshalb er von Mutation spricht. Aber verdeckt das Wort «Mutation» nicht unsere Unwissenheit über die Ursachen und Wirkungen eines biologischen Prozesses, den wir noch nicht aufgeklärt haben? Wie kann man sich schließlich vorstellen, dass die gesamte menschliche Spezies von einem einzigen behinderten Affen stammt? Ein angeborener rheumatismaler Affe hätte ehrer unter den Zähnen eines *machairodus* (Säbelzahntiger) enden müssen als fruchtbaren Nachwuchs zu hinterlassen! Jean Chaline macht noch eine Mutation, die während des embryonalen Lebens eines Australopithecus auftritt, verantwortlich für die Entwicklung des Volumens des Gehirns, das sich dann beim Australopithecus von 650 cm3 auf 800 cm3 bei *Homo habilis* (vor 2 Millionen Jahren) entwickelt.

Bevor wir fortfahren, die Haupthypothesen über den Übergang vom Vierfüßler zur Bipedie zu entwickeln, von der man glaubt, dass sie der Ursprung der menschlichen Nachkommenschaft ist, muß man wissen, dass es im Westen einen Konsens gibt um aus dem tropischen Afrika die Wiege der Menschheit und der Australopithecinen, die wahrscheinlichsten Vormenschen, zu machen.

Über die Australopithecinen schrieb Yves Coppens 1990: «Mein Team und ich behaupten, dass es andere Arten von Hominidae gibt, die menschlicher und moderner als Lucy sind und das diese eher unsere Kusine als unsere Großmutter ist», was er 1991 bestätigt: «diese Australopithecinen von drei bis vier Millionen Jahren, eher unsere Cousins als Vorfahren....». Er gibt zu, dass ihr Becken kurz und breit mit entfernten Hüftgelenken (zwischen Becken und Oberschenkel), ein Gesäßmuskelkomplex ähnlicher dem Schimpansen als dem Menschen, einen schrägen Oberschenkel, ein Knie mit hoher Axendrehungsbreite, ein instabiler Knöchel mit einem flachen und kurzem Fuß, eine große abspreizbare Zehe, lange gebogegene Zehen und schließlich eine Schulter sowie Ellbogen und Handgelenk die besser an in Bäumen lebenden Tieren angepasst sind als jene des Menschen. Er kam zur Schlussfolgerung, dass die «Bipedie vom Becken in Richtung Füßen stattgefunden hätte, wobei die Hände weiterhin als Bewegungsorgane geblieben wären. All diese Merkmale entfernen die Australopitecinen vom Menschen». Ich stimme diesen Bemerkungen zu, mit Ausnahme des Fußes, der ziemlich lang war, deutlich länger als bei uns Menschen, und auch was den Knöchel betrifft, der etwas stabiler sein musste als gewöhnlich behauptet. In Anlehnung an die anatomische Merkmale die Yves Coppens den Australopithecinen zugesteht, stellte er sich den Ursprung des Menschen in einer Annahme vor, die er «East Side Story» genannt hatte. Er hatte festgestellt, dass alle fossilen Überreste von Australopithecinen im östlichen Tels Afrikas gefunden worden waren. Vor zehn Millionen Jahren war Afrika mit Wäldern und bewaldeten Savannen bedeckt, in denen die gemeinsamen Vorfahren von Hominiden, Schimpansen und Gorillas gelebt hätten. Vor etwa acht Millionen Jahren ereignete sich eine tektonische Krise, die zwei Bewegungen hervorrief: einen Zusammenbruch, der bekannte große ostafrikanische Grabenbruch und eine Aufrichtung der westlichen Seite. Diese doppelte Bewegung, hätte eine geographische Barrière gebildet und die westliche Zone von der östlichen isoliert. Da die vom Atlantik kommenden Regenfälle auf die westliche Zone fielen behielt diese ihre Wälder und ihre Primaten die sich zu Schimpansen und Gorillas entwickelten, Tiere die in unterschiedlichem Maße an das Leben in Bäumen angepasst waren. Die östliche Zone, die viel weniger Regen erhielt, hätte sich allmählich in eine trockene Savanne verwandelt, in der sich die Primaten an diese neue, weniger feuchte Umgebung hätten anpassen müssen und ihre Fortbewegung und Lebensweise ändern müssen. Sie hätten sich dann aufgerichtet, auf ihren hinteren Extremitäten gestanden um mögliche Raubtiere zu sichten und hätten somit als Nachkommen Hominiden gezeugt. Diese Zweibeinigkeit hätte die Hände befreit und die Entwicklung des Gehirns ermöglicht. Man kann sich jedoch fragen, warum die anderen Tiere, darunter viele Primaten wie Paviane, Patas, grüne Meerkatzen die sich unter den gleichen geographischen Bedingungen befanden, sich nicht aufgerichtet hatten und Vierfüßler blieben. Wenn diese Annahme richtig ist, dann müssen unter diesen Primaten Wesen gelebt haben, die bereits zweibeinig waren und deren Hände niemals zuvor zur Fortbewegung gedient hätten, auch vor dem tektonischen Grabenbruch, als sie noch in diesem bewaldeten Ostafrika lebten. Im Jahr 2003, nach der Entdeckung des Schädels von Toumaï ein Jahr zuvor durch Michel Brunet im Tschad, also westlich vom Rift, ein Schädel der auf 7 Millionen Jahren datiert wurde, hatte Yves Coppens seine Annahme in Frage gestellt.

Pascal Picq, Dozent am Collège de France in Paläontologie und Vorgeschichte, fragt sich, ob der Zweibeinige Gang erworben wurde um sich in der Savanne aufrecht zu bewegen oder ob es sich um ein Erbe von einem Leben in Bäumen handelt, Leben das auch die Bipedie einschloss. Er beantwortet selbst die Frage in dem er schreibt:«Das Schwinghangeln und das vertikale Klettern bieten Eignungen zur Bipedie. Und das ist es auch was in unserer Nachkommenschaft, die der Hominidae in Afrika stattgefunden hat». 2001 fuhr er fort: « so hat sich die Bipedie oder der Zweibeinige Gang nicht in der Savanne sondern im Wald, sowohl westlich wie auch östlich entwickelt.» Zwei Argumente geben ihm Recht. Zum einen wurden alle Australopithecinen-Fossilien in Verbindung mit Baumresten gefunden. Zum anderen wurden Knochen von Australopithecinen im Tchad gefunden, also westlich vom Rift. Seine Annahme über den Ursprung des vertikalen Ganges entwickelt den Gedanken, dass die Zersplitterung der Wälder, verursacht durch die vor 20 Millionen Jahren, im Miozän herrschende Trockenheit zu einen schärferen Wettbewerb geführt hätten. Er erklärt, daß es die großen Affen ohne Schwanz sind, die überleben und entdecken, daß es leichter ist, sich unter den Zweigen als auf ihnen zu bewegen. Sie werden somit das Schwinghangeln einleiten, also eine arboreale Fortbewegung von Ast zu Ast. Ihr Körper befindet sich somit in einer vertikalen Position, welche zur zweibeinigen Fortbewegung führt. «Erst später wurde diese Eigenschaft vorteilhaft und durch die natürliche Auslese verstärkt. Im Klartext, die Menschenaffen nutzten diese Eigenschaft erst als der Wald sie vor acht Millionen Jahren verließ». Diese Annahme geht davon aus, dass diese Primaten, die das Schwinghangeln verwendeten, notwendigerweise eine angepasste Anatomie hatten, Anatomie welche mit der des Menschen unvereinbar ist. Ich persönlich behaupte, dass der Ursprung der Bipedie oder Zweibeinigkeit unabhängig von der Umwelt ist.

Im Jahr 2000 äußern die amerikanischen Anthropologen John Hawks und Milford Wolpoff folgende Annahme: die Australopithecinen verbrachten den größten Teil ihrer Zeit in den Bäumen. Aber dann reduziert ein Klimawandel die Anzahl der Bäume. Diese Tatsache macht das Leben in den Bäumen schwieriger zusammen mit einem Mangel an Nahrung und führt zu einer schweren Auslese unter den Primaten, was gewisse Genetiker einen sogenannten «Engpass» der Bevölkerung nennen. Dieser Engpass führt zu evolutionären Veränderungen, deren Raten durch genetische Innovationen beschleunigt werden und sich umso schneller verbreiten, je kleiner die Bevölkerung ist. In einer großen Gruppe wäre diese genetische Innovation sehr geschwächt gewesen. Mit anderen Worten, Hawks und Wolpoff denken, dass vor zwei Millionen Jahren in der Umwelt ein Wechsel zu einem Engpass für die Australopithecinen geführt hat welche ihre Nachkommen, sprich die von Lucy und ihre Begleiter einen größeren Schädel sowie ein größeres Gehirn, längere Gliedmaßen, eine größere Statur und ein weniger vorspringendes Gesicht verliehen. Die Bedingungen waren somit für eine zweibeinige Fortbewegung gegeben, ja sogar um zu rennen und diese Lebewesen sind somit vom arborealen Australopithecus zum zweibeinigen Hominidae geworden. Aber was machen sie in diesem Fall mit Homo habilis, der zeitgleich mit den Australopithecinen lebte und menschliche Merkmale besaß, nämlich einen voluminösen Schädel mit einer Kapazität von 700 cm3 oder mehr, ein weniger vorspringendes Gesicht, ein konkaves Nasenbein welches das Vorhandensein einer Nase erlaubte sowie ein Fußgewölbe? Obendrein wird ja *Homo habilis* die Oldowayan Kultur zugeschrieben (in der Oldoway oder Olduvai Schlucht gefunden oder in Nord-Tansania, in der Nähe seiner Knochenreste). Es handelt sich dabei um relativ einfache Werkzeuge, eine primitive lithische auf Kieselsteinen hergestellte Industrie. Sicher ist, dass vor zwei Millionen Jahren Menschen die dem heutigen Menschen nahe stehen, bereits existierten.

Der amerikanische Forscher Kevin Hunt gesteht den Australopithecinen Hand, Schulter und Rumpfmerkmale zu für ein Schwinghangeln in den Bäumen und die der Hüften und Hintergliedmerkmale eher für eine zweibeinige Fortbewegung, aber anders als wie beim Menschen. Für ihn führte nicht die Anpassung an einer aufrechten Fortbewegung zur Zweibeinigkeit, sondern nur die Suche nach Nahrung was die Befreiung der Hände und ein sich Aufrichten des Körpers erforderte. Die Vorfahren der Tiere hätten sich vor Sträuchern aufgerichtet und mittels Händen Früchte gesammelt und in den Mund genommen. Aber wenn wir die Tiere in ihren Gewohnheiten beobachten, erkennen wir, dass viele von ihnen ihre Hände benutzen, um Nahrung wie Samen im Falle von Nagetieren, oder sich auf ihren Hinterbeinen aufrichten wie die Gazellen in der Savanne. Aber keines dieser Tiere ist bis jetzt zweibeinig geworden.

Für Owen Lovejoy ist es ein sexuales Verhalten, das zur Bipedie geführt hätte. Der Rüde, der das Weibchen und die Jungen ernährt, hätte sich auf die Hinterbeine gerichtet um ihnen die Nahrung zu bringen. Viele Tiere füttern ihre Jungen, indem sie die Nahrung bringen aber haben sich dennoch nicht aufgerichtet. Die Vögel sind ein gutes Beispiel, sie sind zweibeinig, haben aber keine Hände und benutzen ihre Schnäbel.

Andere Autoren rechtfertigen schließlich die Verwendung der Zweibeinigkeit mit dem Vorteil welches sie bei der Wärmeregulierung einbringen würde. Ihre Annahme legt nahe, dass Vorfahren welche in der warmen Savanne unter einer tropischen Sonne leben, den Sonnenstrahlen dank ihrer Bipedie weniger Fläche bieten, ihre Wärme somit besser verdunsten können aber auch gleichzeitig das Körperwasser besser bewahren. Da die fossilen Überreste von Hominiden sich immer in Waldgebieten befinden, hatten diese Lebewesen die Möglichkeit sich in den heißesten Stunden vor der Sonne zu schützen, was übrigens auch die Tiere der Savanne machen.

Abschließend zu diesem Kapitel sei gesagt, dass seit die Daten der Genetik im wissenschaftlichen Bereich verfügbar sind, man unterschiedliche wenn nicht sogar widersprüchliche Theorien unterstützt die dazu bewegen, die gegenwärtigen Theorien mit Zurückhaltung zu betrachten und zwar bis Bestätigung ihrer Werte.
#

Kapitel 8

Der Protohominoide

Das Modell der menschlichen Zweibeinigkeit (Bipedie) ist einzigartig. Die Spezialisierung seiner Füße findet kein Gegenstück in der Natur, während seine Hände, die nie als «Pfoten oder Tatzen» dienten, ihre strahlende primitive Struktur behalten haben. Die Australopithecinen sind zwischen den Menschen und Menschenaffen einzuordnen aber ähneln mehr letzteren. Spezialisiert wie sie auf ein Leben in Bäumen besitzen sie wenige menschliche Merkmale in ihrer Morphologie und ihren Proportionen. Was ihre Fußabdrücke anbelangt, so zeigte unsere Studie, dass ihre Merkmale bedeutend mehr den Affen als den Menschen ähnlicher waren. Wären sie nicht ausgestorben, könnte man sich fragen in welchem Ausmaß ihre eher affenartigen Züge im Laufe der Evolution stärker hervorgetreten wären und ob sie die geringfügigen Spuren von Zweibeinigkeit die im Kreuzbein entdeckt wurden, verloren hätten. Sehr wahrscheinlich würden sie sich in der Richtung weiter entwickelt haben in welcher sie sich befanden mit einer Verfeinerung ihres Lebens in den Bäumen auf Kosten der Zweibeinigkeit.

Hier berühren wir den wesentlichen Punkt unserer Forschung. All unsere Kenntnisse über Evolution und Biologie sind einstimmig: Es gibt niemals eine Rückkehr in einen früheren Zustand. Die Australopithecinen und noch mehr die Menschenaffen können, da sie sehr spezialisiert sind, nur von einem nichtspezialisierten Organismus abstammen, der mit verschiedenen Möglichkeiten ausgestattet war. Da die morphologische Spezialisierung des Menschen weniger fortgeschritten ist, können wir schlussfolgern, dass er mehr dem entfernten Vorfahren ähnelt als die oben genannten Gattungen. Logischerweise bedeutet der Grad der Spezialisierung von Menschenaffen eine sehr lange Evolution oder Entwicklung. Ein nicht spezialisierter Vorfahre muss es gegeben haben, ein sehr altes Wirbeltier (mindestens 30 Millionen Jahre alt[22]), das weder einem Menschen noch einem Affen ähnelt, sondern Eigenschaften besitzt, die beiden Gruppen gemeinsam sind. Jede Nachkommenschaft entwickelt dann, abhängig von ihrer Lebensart und unter Anpassung an ihre Umgebung, einige ihrer eigenen Möglichkeiten. Der Mensch ist das Lebewesen welches dem gemeinsamen Vorfahren am nächsten geblieben ist. Er verfeinerte eine Zweibeinigkeit und eine Ausgeglichenheit seiner Spezies eigen, mit seinem Fußgewölbe und seiner großen Zeh. Seine Hände wurden von Anfang an nie als Stütze benutzt, sie sind immer frei und archaisch geblieben mit ihrer primitiven Struktur.

---

[22] Ab molekularen und paläontologischen Daten führten Simon Tavaré und amerikanische und schweizerische Mitarbeiter statistische Berechnungen durch, veröffentlicht in *Nature* im April 2002, Band 416, S. 726-729. Sie schätzen den gemeinsamen Vorfahren der bestehenden Primaten auf neunzig Millionen Jahren alt, also Mitte der Kreidezeit, während der älteste erfasste Primat, Altiatlasius auf fünfzig Millionen Jahren datiert ist.

Der gemeinsame Ursprung der drei Hauptgruppen von Primaten hat Spuren auf mehreren Ebenen hinterlassen. So sind die Köpfe im kindischen Alter bei Menschenaffen und Menschen rund, nicht sehr vorspringend und gerade auf der Wirbelsäule. Der abgerundete kindische Schädel von Taung deutet darauf hin, dass es bei den Australopithecinen ähnlich war. Diese Ähnlichkeit lässt langsam mit zunehmenden Alter ab, bis sie beim Erwachsenen völlig durch die Merkmale seiner Spezies ausgelöscht wird. Die Weibchen weichen weniger von Stammtyp ab als die Männchen, mit einen runderen Kopf und kleineren Eckzähnen, mehr wie das Jugendmodell.

Wie könnte der ferne Vorfahre der Menschen, der Australopithecinen und Menschenaffen den ich *Protohominoid bipes* nenne ausgesehen haben? Dieses Wesen, das ich als Ursprung der Hominoidae vorschlage, muß zwangsweise die den Primaten gemeinsamen Merkmale besessen haben: ein Wirbeltier, eher schmächtig mit einer Statur die nicht einige zehn Zentimeter überschreitet. Zweibeinig und vertikal gerichtet, einen mehr oder weniger spährischen Kopf, ein als primitiv betrachtetes Merkmal und den man bei den Jungen der Menschenaffen vorfindet und welcher senkrecht auf einer mehr oder weniger gekrümmten Wirbelsäule ruhte. Der Kopf musste ziemlich entwickelt sein mit einem relativ kleinen Gesicht, frontale Augen und ohne Schnauze. Gleichlange Glieder endeten in fünfstrahligen Phalangen mit einem kürzeren Daumen und ohne einer vorherrschender großen Zeh, mit einer gewissen Spreizung der Finger und Zehen. Der Daumen war vielleicht schon opponierbar. Die Beweglichkeit der Hand im Vergleich zum Handgelenk musste ziemlich gut sein. Was ein mögliches Deckhaar betrifft, wer kann sagen ob Kopfhaare oder Körperhaare wie sie heute existieren Überbleibsel sind oder erst in jüngster Zeit erworben wurden?

Mit welchen Schwierigkeiten hätte dieser Protohominoid zu kämpfen gehabt und welche Trümpfe konnte er gehabt haben? Wie ich ihn mir vorstelle, scheint er keine physischen Verteidigungsmittel gehabt zu haben. Man kann annehmen, dass er, wie andere kleine Tiere weder Hörner noch Reißzähne noch große Muskelkraft gehabt hatte.

Im Allgemeinen ist Laufen ein guter Weg einen langsameren oder weniger ausdauernden Angreifer zu vermeiden. Außerdem dominieren bei Säugetieren die Vierfüßler, und die heutigen Menschenaffen laufen auf allen Vieren, wenn sie fliehen oder entkommen müssen. Dank seiner vier Beine rennt ein kleiner Hund schneller als ein Mensch. In diesem Fall, da eine Zweibeinigkeit ein größeres Hindernis ist als ein Vierfüßiger Gang, hätten es die Angreifer eher leicht gehabt. Es besteht also offensichtlich keinen Grund für die Erhaltung der ursprünglichen Bipedie für die menschliche Nachkommenschaft. Wir müssen also anderswo die Trümpfe suchen, die es ihr erlaubt haben fortzubestehen.

Viele Kleintiere sorgen für die Langlebigkeit ihrer Art durch eine große Anzahl von Nachkommen. Das Strukturmuster unserer Nachkommenschaft mit nur zwei Zitzen, schließt eine Multiparität wie bei Mäusen oder Kaninchen aus. Darüber hinaus kommt mit der geringen Anzahl von Geburten das Problem der Abhängigkeit von der Mutter hinzu. Während ein Fohlen kurz nach der Geburt sich auf allen Vieren aufrichtet und bald inmitten der schützenden Herde trottet, klammert sich der kleine Primat an seine Mutter und begrenzt sie somit in ihrer Aktivitäten. Er hat keine Autonomie und bleibt für lange Zeit verwundbar. Der kindische Schädel von Taug, der schätzungsweise zwischen drei und sechs Jahren starb (ein von seinen Zähnen abgeleitetes Alter), zeigt die Spuren der Krallen des Raubvogels dem es zu Opfer fiel. Bei Swartkrans zeigt ein ausgewachsener Australopithecus-Schädel die zwei hinterlassenen Löchern einer großen Raubkatze. Diese Beispiele zeigen, dass sie möglicherweise eine Beute waren.

Zur Erklärung dieser permanenten Vertikalität wurde keine gültige Annahme bzw. Hypothese vorgeschlagen. Die Erforschung des Umfelds, in dem sich dieser Protohominoid entwickeln musste, könnte uns den Weg weisen.

In Bezug auf die Umwelt, welche konnte in der Lage gewesen sein die vitalen Bedürfnisse eines Tieres zu erfüllen, das anscheinend so hilflos war wie der Protohominoid? Man könnte sich sein Überleben in einem Sumpfbiotop vorstellen der für die heutigen Bonobos passt. Noch besser, die Mangroven, die in Afrika, Asien und Amerika noch existieren, bieten viele Vorteile. Im Prinzip genießen sie immer ein mildes Klima. Sie bilden Küstengebiete am Rande von Brackwasser und Land. Ihre gegenwärtige Vegetation ist sehr spezifisch und besteht aus Mangroven (Typ Rhizophora) deren Frucht, die Mangle, essbar ist, genau wie die Frucht von Sonneratia. Es gibt auch Avicennia, deren Frucht eine Steifrucht ist (wie Pflaumen, Pfirsische oder Kirschen), und Brugueria, reich an Tannin. Diese flachen Bäume zeichnen sich durch typische Luftwurzeln aus, die sich über dem Wasserspiegel erheben und in die schlammigen Oberflächenschichten einsinken. Das seichte Wasser wird von einer üppigen Tierwelt wie kleinen Krebsen, Fischen, Insekten, Nagetieren und vielen Vögeln besucht. Die Eier der letzteren lieferten sicher Nahrung in der Reichweite eines kleinen wenig oder nicht spezialisierten Primaten. Die Nähe zum Festland gab ihm zudem Zugang zu verschiedenen Nahrungsmitteln und Unterkünften. In einer solchen ökologischen Nische befand sich unser Protohominoid an einer Kreuzung von Möglichkeiten welche seine Ambivalenz bewahrte. Er konnte somit eine Vielzahl von Hilfsquellen nutzen, um sich selbst zu ernähren und verschiedene Schutzsysteme benutzen, um Räubern zu entkommen.

Bei dieser Anspielung auf die Mangrove als Entwicklungsumwelt für unseren Protohominoid, werden einige nicht umhin kommen, an die Wasseraffen-Theorie oder AAT (*Aquatic Ape Theory*) zu denken: diese 1960 von Professor Alister Hardy ins Leben gerufene Theorie wurde von der britischen Journalistin Elaine Morgan, insbesondere in ihrem 1994 erschienenen Buch les cicatrices de l'*évolution* wieder aufgenommen und vervollständigt. Elaine Morgan berücksichtigt einige physiologische Eigenschaften des Menschen – kein Fell, verbunden mit vielen Schweißdrüsen, eine dicke Fettschicht (besonders bei Babys) sowie die Atemkontrolle -, alles Eigenschaften welche den in der Savanne lebenden Tieren entgegenstehen und eher den in Wasser lebenden Säugetieren näher kommen. Gewiss, es stimmt, dass der Mensch seinen Atem auf übliche Weise beherrschen kann beim Reden und auch beim Tauchen wenn er die Luft anhält. Diese Annahme oder Hypothese widerlegt die der Savanne, die behauptet das in dieser relativ unbedeckten Umwelt, der Mensch sich aufgerichtet hätte und sich somit den anderen Primaten gegenüber differenziert. Philip Tobias (1925-2012), ein berühmter Professor für Anthropologie, lange Zeit Direktor des Labors für Anatomie an der Universität von Johannesburg und verantwortlich für die Ausgrabungen von Sterkfontein gab selber zu, die Theorie der Savanne aufgegeben zu haben zu Gunsten der AAT Theorie.

Für mich ist der bereits zweibeinige Protohominoid der Vorfahr der drei Nachkommenschaften und ich ordne diese Phase der Existenz, eher amphibisch statt aquatisch, vor der Trennung der drei Gattungen.Vor mindestens dreißig Millionen Jahren, haben sich Gruppen vom Stamm der Vorfahren entfernt und zu Arten geführt welche ihre eigenen Merkmale erhielten. Ein vorstellbares Schema würde ursprünglich einen halb-aquatischen Zweifüßler sehen von dem sich einige Nachkommen auf das Steilufer gewagt hätten um sich dann immer mehr vom Ufer zu entfernen. In diesem Stadium war ihre nervöse Koordination möglicherweise nicht ausreichend und effektiv genug, um es ihnen zu ermöglich, ständig auf zwei Füßen aufrecht zu stehen. Um mit neuen Situationen zurecht zu kommen, mussten sie sich anderen Lebensformen anpassen. Haben sie eine Anlehne gesucht, wenn sie die vertikale Station nicht vollständig übernehmen konnten? Die Praxis der Vierbeinigkeit ist Teil einer Logik, die einen Sohlengänger-Fuß dazu bringt in Richtung einer Aufrichtung der Ferse über zu gehen, also zu einem mehr oder weniger ausgeprägten Zehengänger Verhalten. Später, aus unbekannten Gründen, haben sich die Vorfahren der Menschenaffen an das Leben in den Bäumen angepasst und sich nach und nach an ein Klettern und Schwinghangeln spezialisiert. Die Australopithecinen scheinen einen parallelen Weg gefolgt zu haben, obwohl sie Spuren von Bipedie in Höhe des Beckens und der Knöchel behalten haben. Unterdessen haben die Protohominiden, welche im Kontakt mit dem Wasser geblieben waren, die physiologischen Bedingungen für eine permanente Zweibeinigkeit verfeinert. Ihre Hand behielt somit alle ihre funktionellen Möglichkeiten, da sie für einen bestimmten Zweck verwendet wurde. Diese Art der Evolution erlaubte ihnen, gewisse archaische Merkmale zu behalten, während sie eine vertikale Eigenart bestätigten, die zum Menschen führen musste.

Ob alt oder modern, der Mensch war schon immer an seinen Ursprüngen interessiert und jede Gruppe hat seine eigene Allegorie entwickelt, die über Generationen zu einem Gründungsmythos wurde. Man kann bemerken, dass sich in vielen Kulturen, zum Beispiel bei den Inuit oder Pygmäen die Glieder einer Sippe sich als die einzigen wahren Männer inmitten einer Tierwelt betrachten; Sie unterscheiden sich von den Tieren nur durch ihr «Tun», das heißt, ihrer Werke.

In unserer jüdisch-christlischen Kultur sind die in der Entstehung verwandten Gründungsmythen aus der Literatur des alten Mesopotamiens entnommen. Diese Mythen galten jahrhundertelang als Vorschriften im Westen bis sie durch den Affen als Vorfahr des Menschen im 19. Jahrhundert ersetzt wurden und dann etwas später im 20. Jahrhundert von Lucy abgelöst. Die schöne Geschichte von Lucy, eine Heldin, die den sogennaten «Aufstieg» zum Menschen illustriert, ist Teil der darwinistischen Perspektive, die in unseren westlichen Ländern einen glänzenden Erfolg erlebt. Aber wie alle anderen Gründungsmythen erfüllt es die Phantasien einer Gesellschaft auch wenn sie objektive Realitäten nicht berücksichtigt.

In diesem Buch ist mein Ziel nicht einen neuen Mythos vorzuschlagen, sondern eine Hypothese die auf anatomischenen Daten ruhen und auch auf unbestreitbare Tatsachen wie zum Beispiel ein Schimpanse einen Zweig packt oder ein Mensch am Strand entlang geht. Die Lösung einer solchen Frage beruht nicht auf philosophischen Überlegungen oder vorgefassten Meinungen. Es besteht eine zu große Tendenz Theorien zu erstellen und daraus spätere Dogmen zu bilden, während eine objektive Beobachtung der Realität bald den Irrtum zeigen würde. Während meines Studiums über die Zweibeinigkeit habe ich mich um die objektivste direkte Beobachtung bemüht und versucht, mich nicht von den bereits etablierten Systemen beeinflussen zu lassen. Die Fakten müssen die Ausarbeit einer Theorie diktieren und nicht das Gegenteil.

Es ist unbestreitbar, dass die Anatomie des menschlichen Körpers das Ergebnis seiner langen Evolution ist, wie übrigens auch für jeden anderen lebenden Organismus. Wir müssen den Mensch als ein altes Zauberbuch sehen, auf dem seine Vergangenheit geschrieben steht und den wir entziffern müssen. Meine Forschung hat mich dazu gebracht, die ganze Geschichte der menschlichen Nachkommenschaft unter dem Zeichen der Vertikalität zu betrachten. Das Wesentliche ist, nicht zwei-oder vierfüßler zu sein.

Das folgende Diagramm veranschaulicht die Vorfahren der Zweibeinigkeit:

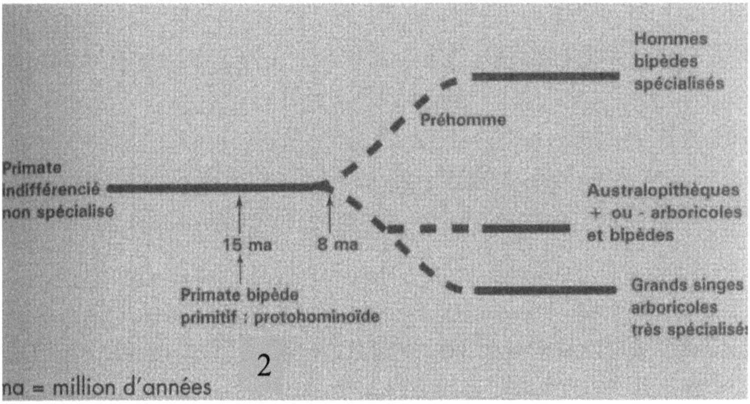

1) undifferenzierter, nicht spezialisierter Primat

2) primitiver zweibeiniger Primat : Protohominoide Vormensch

3) spezialisierte Zweifüßler-Menschen

4) Australopithecinen mehr oder weniger in Bäumen lebend und Zweifüßler

5) Sehr spezialisierte in Bäumen lebende Menschenaffen

MJ = Millionen Jahre

Abb. 18- Der Ursprung der Hominoidae nach der Hypothese von Yvette Deloison.

Kapitel 9

Hoffnungen und Grenzen der Fossilierung

Die Hauptkritik an dieser Annahme oder Hypothese liegt in der Abwesenheit von Fossilien, die von diesem entfernten Vorfahren entdeckt oder erkannt wurden.

Während ich in den vorhergehenden Kapiteln nacheinander sowohl die Knochenreste von mehr als zwei Millionen Jahren abgelehnt habe sowie auch die Fußspuren von Laetoli die angeblich den Vorfahren der Menschen zugeschrieben werden, was bleibt übrig um die Rolle des Protohominiden zu übernehmen? Momentan gibt es in Museumsreserven keine alternative Lösung, und dieser Mangel muss durch einen kurzen Überblick über das den Forschern zur Verfügung stehende fossile Material und seine Nutzung gerechtfertigt werden. Wenn wir es wagten, unsere Eitelkeit bis dahin zu erhöhen, wäre es leicht, einen berühmten Präzedenzfall zu erwähnen: Der Haupteinwand gegen Darwins Ideen war das Fehlen von Entdeckungen um die Lücken zwischen den Arten zu schließen. Laut seinen Kritikern müssten progressiv modifizierte Proben in den Bodenschichten erscheinen, was auf eine allmähliche Anpassung der Lebewesen hinweist, die der natürlichen Auslese unterzogen waren. Unter Berücksichtigung aller Umwälzungen der Erdkruste ist eine ideale Stratigraphie, gleich einem Buch, wo keine Seite fehlt, völlig undenkbar. Es ist schon außergewöhnlich, dass nach so vielen Bewegungen von

Böden und Meeren, so vielen Naturkatastrophen, immer noch Schimmern in diesem Abgrund zu finden sind wie für uns die Vergangenheit unseres Planeten.

Man weiß, dass die Erde etwa 4,5 Milliarden Jahre alt ist. Derzeit weiß aber niemand, wann, warum oder wie das Leben erschien. Der früheste Fossilienbestand, der im Südwesten Grönlands gefunden wurde, ist der von Zellen ohne Kern (Prokaryoten), Bakterien, einschließlich «Cyanobakterien» oder Blaualgen, die 3800 Millionen Jahre alt sind und mehr zu der molekularen Paläontologie gehöhren. Vor 2800 Millionen Jahren erscheinen «Stromatolithen», Strukturen in Form von Kegeln, Säulen oder Kuppeln, die in Schichten aus proliferienden Algen aufgebaut sind und die sich in Kolonien in den Küstenmeeren der Erde entwickeln und bald von anderen Lebensformen begleitet sind welche sich vielseitig gestalten, während sich die großen kontinentalen Blöcke errichten. Zellen mit einem durch eine Membran isolierten Kern (Eukaryoten) erscheinen gegen 1800 Millionen Jahren und vielzellige Algen entwickeln sich. Gegen 800 Millionen Jahren haben sich Eukaryoten und vielzellige Algen entwickelt, aber das Gestein der Spitzbergen aus dieser Zeit weist noch nicht auf Tierleben hin. Trotzdem existiert es bereits vor der «Präkambrium-Explosion», die zwischen 700 und 550 Millionen Jahren statfindet. Diese neue Fauna ist unter dem Namen Ediacara (der Ediacara-Berge, im Süden von Australien) bekannt, aber auch in Südafrika, Schottland und Nordasien. Weichkörpertiere die vage an Quallen oder Würmer erinnern, oft abgeflacht, scheibenförmig, gebändert oder röhrenförmig sind in Form von Abdrücken oder natürlichen Formteilen erhalten. Es ist unklar, wie diese Wesen, die mit sehr erfinderischen organisatorischen Schemen ausgestattet waren, entstanden sind und warum diese Fülle am Ende des Präkambiums fast ausgelöscht wurde. Vor rund 580 Millionen Jahren wurden die Ozeane von makroskopischen Invertebraten bevölkert, während ein riesiger Kontinent bereits im Entstehen begriffen war. Schon vor dem Kambrium, erschienen die Vorfahren der heutigen Organismen. Die Vielfältigkeit des Lebens bricht in den Burgess Schiefern (Kanada) aus, wo es zahlreiche Innovationen gibt. So die Vorfahren von Schwämmen, Korallen, Mollusken, Stachelhäutern und sogar die Vorläufer von Wirbeltieren, die «Conodonten», mit einer Rückenschnur, aus welcher später die Wirbelsäule entsteht. Nahrungsketten werden durch die Anwesenheit von Räubern belegt. Theoretisch scheint dieses Leben auf die aquatische Umwelt beschränkt, aber in welchem Maße ist es wirklich sicher? Die Abwesenheit von Sauerstoff ist für die uns bekannten Organisationspläne unerschwinglich, aber was wissen wir über Organismen in den 80 Millionen Jahren des Kambriums? Vor 540 Millionen Jahren, was spassierte wirklich in den weiten Flächen von Gondwana, diesem Kontinent, der damals am Südpol lag und zwischen Afrika, Amerika, Indien und in die Antarktis geteilt wurde? Wir wissen sehr wenig über die Verbindungen zwischen den großen zoologischen Zusammenstellungen die sich errichten. Auf jedem Fall entwickelt sich vor dem Silur (420 Millionen Jahren) die entscheidende Phase der die Meere bewohnenden Wirbeltiere. Vor rund 450 Millionen Jahren bevölkern makroskopische Pflanzen und Meerestiere einschließlich Wirbeltiere die Landmassen. Leider erlaubt uns kein Katalog an Lebensformen, die Vielfalt zu erkennen, die verschwunden ist, und die überwältigende Mehrheit wird uns für immer unbekannt bleiben. Die Tausende von Organismen, die unsere Erde die ganze Zeit über bevölkert haben, haben uns nur wenige Zeugen hinterlassen und wir ignorieren die meisten Organisationspläne, die in den verschiedensten Umwelten gedeihen mussten. Bis zur Entdeckung der Burgess Schiefern wurde angenommen, dass der Beginn des Kambriums mit dem des Lebens zusammenfiel. In Wirklichkeit entspricht es nur der Vermehrung von hartschaligen Tieren, die für eine Fossilisation geeignet sind. Manchmal offenbart ein erstaunlicher Fund wie die Höhlen von Movile (Rumänien) Lebensformen, die ihre Energie aus Schwefel und Methan beziehen und an die niemand gedacht hätte. Ein solches System funktioniert dank chemosynthetischer Bakterien unabhängig von Sonne und Photosynthese. Submarine «Raucher», hydrothermale Quellen, die bei 350°C hervorsprudeln, beherbergen ebenfalls unerwartete Biotope in völliger Dunkelheit in Tausenden von Metern Tiefe.

Natürlich sind es «nur» Arten von Garnelen, Fischen oder Lamellibranchie, schließlich haben diese Tiere eine vollkommen ursprüngliche interne Organisation mit kolossalen Drücken und in einer toxischen und korrosiven Umgebung bei 110°C entwickelt indem sie die Erdwärme nutzen. Welche Entdeckungen könnten uns auf allen Movile-und Unterwasser-Rauchern der Präkambriumzeit aufklären? Keine Fossilien haben überleben können.

Von weit her gesehen und in synthetischen Tabellen zusammengefaßt, scheinen sich die geologischen Zeiten in einem harmosisch kontinuierlichen Verlauf zu entfalten. An erster Stelle schwimmen Bakterien im primitiven Ozean, dann bilden sie Aggregate, dann in verwirrenden Tieren, die zu einem raschen Verschwinden versprochen sind – das heißt in hundert oder zweihundert Millionen Jahren – um Platz für gepanzerte Fische zu lassen, auch nur kurz lebensfähig, sprich 60 Millionen Jahre. In der Tat war die Geschichte der Erde eine lange Reihe von Umbrüchen, von Meerestransgressionen, Meeresrückgängen, Bewegungen von Landmassen, Bodenerhebungen und Bodenabschleifungen. Mehrere planetare Katastrophen haben die meisten Lebewesen beseitigt um einen Prozentzatz von Stammzellen übrig zu lassen, die sich dann in frei gewordene Nischen vielseitig gefächert haben. Das primäre Zeitalter endete mit einem Massensterben, von dem wir die Ursache nicht kennen. Am Ende der Kreidezeit verursachte der Einschlag eines großen Asteroiden im Golf von Yucatan erheblichen Schaden. Einige machen ihn verantwortlich für das verschwinden vieler Arten auf dem gemeinsamen Planeten. Werden wir jemals wissen, warum Krokodile diesen Kataklysmus überlebten, während die anderen großen Meeresreptilien ausstarben? In hundert Millionen Jahren werden wir den heutigen Mensch von der Vernichtung der Steller Seekuh verdächtigen, ein acht Meter langes Säugetier welche 1841 in der Beringstraße entdeckt wurde, ein naher Verwandter der Rundschwanzkuh und siebenundzwanzig Jahre später ausgerottet? Nilpferde, Elefanten, Löwen, Bären, Bisons, sind nahestehend einer Auslöschung und Millionen von anderen Arten schon vernichtet. In Asien werden heute durch Wilderei und auch gallopierender Demographie die letzten Tiger, Schneeleoparden und Orang-

Utans vernichtet. Werden die zukünftigen Erdbewohner sagen, dass diese Tiere nicht lebensfähig waren oder dass ihnen der Himmel auf den Kopf fiel?

Übrigens, was wird in 100 Millionen Jahren von Paris übrig bleiben? Die terrestrische innere Aktivität spiegelt sich in «orogenen» Kreisläufen wider, in denen Gebirgsketten entstehen (meist durch Kontinenzusammenstöße) und die durch Erosion wieder geglättet werden. Seit dem Beginn des Präkambrium folgten sich drei «orogenetische» Zyklen: Caledonian, Herzynian und Alpine, getrennt durch Perioden tektonischer Ruhe und allgemeiner Peneplain, zum Beispiel im Erdmittelalter zwischen Herzynian und Alpine. Wissend, dass ein orogener Zyklus etwa einhundertfünfzig Millionen Jahre andauert, während dessen der Himalaya erschaffen und zerstört werden kann, ist ein Zeitraum von hundert Millionen Jahren angemessen, um unsere glanzvolle Kultur auf einige Fossilien zu reduzieren, die durch eine Kombination von Umständen unverhofft aufbewahrt wurden. Als erstes, Eisenmetalle sind grundsätzlich zum chemischen Zerfall verurteilt. Der Rest wird der physischen Zersetzung kaum entkommen. Ein Klimawandel kann zum Beispiel Überschwemmungen oder Ebenen der Seine verursachen, die nichts zu tun haben mit dem was wir gewöhnlich kennen, besonders wenn gleichzeitig die Meere hundert oder hundertfünfzig Meter wie in den letzten Eiszeiten fallen und weiter fluviale Erosion fördern. Ähnlich könnte eine polare Verschiebung eine Eiskappe dazu bringen das Pariser Becken zu hobeln. Um zukünftige Grundbesitzer mit einer interessanten Ausgrabungsstätte zu versorgen, könnte man eine ausgedehnte Meeresüberschreitung auf Paris wünschen, durch Schmelzen der Eiskappen und/oder Eindrückung dieser Zone der europäischen Platte, verbunden mit einem massiven Beitrag von Sedimenten durch den Bau eines Berges in der Nähe. So würde der Standort physisch erhalten bleiben. Bei schnellem Vergraben könnten einige Zähne von zweibeinigen Primaten, möglicherweise aus Gold, im Friedhof Père Lachaise oder anderswo überlebt haben. Sie werden dann aber noch den mehr oder weniger ätzenden unterirdischen Gewässern und all den Phänomenen und Umständen entkommen müssen, von denen wir keine Ahnung haben....Mit anderen Worten, die historischen Nachstellungen denen wir unterliegen werden, müssten ziemlich unterhaltsam sein. Die Zerstörungsfaktoren waren so, dass sie alle Spuren der Vergangenheit hätten auslöschen müssen, obwohl Milliarden von Menschen auf dieser Erde gelebt haben. Aber einige Zeugen haben es jedoch geschafft, dank außergewöhnlichen günstigen Bedingungen durch die Maschen der Zeit zu schlüpfen und bis zu uns zu gelangen.

Diese Bedingungen, ohne die uns keine entfernte Spur des Lebens zugänglich wäre, teilen sich in zwei große Gruppen ein, die eine in Beziehung zur Umwelt, die andere zum Lebewesen selbst.

Äußere Faktoren, physikalische und chemische, bieten sehr ungleiche Erhaltungschancen. Für eine Leiche ist der Traum schnell vergraben zu werden, geschützt von Luft und Räubern, vorzugsweise unter feinen Sedimenten, die eine schnelle und so vollständige Isolierung wie möglich sicher stellen. Ein solcher Prozess hat glücklicherweise manchmal stattgefunden. Der Ort Bolca (fünfundzwanzig Kilometer nordöstlich von Verona) aus dem mittleren Eozän ist ein Beispiel einer geschützten Lagune. Auf dem flachen Boden haben sich dolomitische Kalksteinsedimente, mehr oder wenig tonig, langsam und regelmäßig in horizontalen Lamellen und sehr ruhigem Wasser abgelagert. Die Anzahl und Konservierung von Organismen ist erstaunlich. Die Flossen der Fische sind sogar in Dehnung geblieben, anstatt nach dem Tod abgeklappt zu werden. Aber die Perfektion der Schichten von Bolca sollte uns nicht täuschen, sie spiegelt nicht die Fauna der Zeit wider, nur ein sehr kleiner lokaler Aspekt, wie die Lagune eines Atolls im Vergleich zur planetaren Artenvielfalt.

Diese besonders günstigen Küstenablagerungen sind auch der Ursprung des Reichtums des Standortes von Ediacara, der Kambrium Schiefern von Burgess und Perm von Autun, die wie Lichtstrahlen im Schatten der geologischen Epochen sind. Lehmschlamm ist das ideale Material zum Einfangen, Formen und Konservieren von Tieren und Pflanzen, die auf den Boden fallen. Das Gewicht der überlagerten Schichten wirkt wie eine Presse auf ein Herbarium und fördert den Abdruck feinster Details. Die jurassischen Kalksedimente von Solnhofen (Bayern) oder Cerin (Ain) lieferten bemerkenswerte Exemplare von Fischen, Krebsen, Pflanzen und andere. Asche und vulkanischer Schlamm wie von Laetoli bieten die gleichen Eigenschaften.

Im Erdaltertum (Paläozoikum) sind das Vergraben und die

Zersetzung riesiger Mengen Pflanzen der Ursprung der Kohle, der Nerv der Industrialisierung im 19. Jahrhundert. Es gibt noch immer schöne Flächen von Farnen und Schachtelhalmen, um die überschwängliche Opulenz der Wälder der damaligen Zeiten zu schätzen. Was den hauptsächlichen aktuellen Schadstoff betrifft, unser Öl, so kommt es aus Schlamm reich an organischen Stoffen und von vielfältigen Alter, regelrecht in den Tiefen «gekocht».

Auf der anderen Seite könnte man sagen, Schlamm oder Torfmoore, eine andere für die Fossilisation günstige Umgebung ist die fast geschlossene Welt der Höhlen. In Sterkfontein wurden Abgründe durch die Auflösung des Bodens vom «Karsttyp» gebildet und mit dolomitischen Trümmergesteinen gefüllt. (Ein Karst ist eine Reihe von Korrosionserscheinungen aus Kalkstein, der Ursprung von Karsthöhlen). Viele Tiere sind in diesen Höhlen hineingefallen und der arme Australopitecus StW 573 auch. Was die jüngeren Zeiten betrifft, so verdanken wir fast unser ganzes Wissen über die Vorgeschichte, Knochenreste, Werkzeuge, parietale oder bewegliche Kunstwerke dem natülichen Schutz der Höhlen. So hätte das magdalenische Skelett vom Menschen von Chancelade (Dordogne), das bei seiner Freilegung in einem ungesicherten Zustand war, außerhalb seinem Unterschlupf keine Chance mehr gehabt. Freilager und Entdeckungen im Freien, welche das tägliche Leben dieser Menschen offenbaren, stellen nur einen winzigen Teil des prähistorischen Erbes dar.

Andere Glückstreffer können unter verschiedenen Umständen auftreten, wie Insekten, die im Harz alter Wälder welche Bernstein lieferten, gefangen wurden. Große Tiere haben oft weniger Trümpfe wie kleine. Nashörner, Elefanten, oder Auerochsen waren größeren Gefahren ausgesetzt in Kiesgruben einzusinken als Kaninchen. Das berühmte Nashorn von Starunia (Galizien) hat sich in den Asphalt versenkt und dort mumifiziert. Das Einfrieren von Mammuts überrascht ein wenig: Bei minus 50°C friert ein Rentier nur ein, wenn es abgehäutet ist, sonst beginnt es sich zu zersetzen. Also, wie haben sich die Mammuts schnell genug abgekühlt, um intakt zu bleiben, wissend, dass sie gerade Gras gegessen hatten, ja, Gras! Wenn die Temperatur niedrig genug war, um Fäulnis zu verhindern, wie konnten sie Gräser fressen und dann im Permafrost versinken? Auf dem Gebiet der Fossilisation, wie in vielen anderen, entgehen uns viele Prozesse.

Unter normalen Bedingungen, in Gegenwart von Mikroorganismen, verhindert die Schnelligkeit ihrer Zerstörung das Weiterbestehen der Kadaver. Die Frage kann wie folgt zusammengefasst werden: wie wird man ein Kieselstein? Interne Faktoren der Fossilisation hängen mit der Biologie von Organismen zusammen. Die relative Wichtigkeit und die Anordnung der weichen und harten Teile spielt eine unmittelbare Rolle bei Fäulnisprozessen. Es wirkt auf alle nicht-skelettalen Gewebe, sie dann das Ersetzen der organischen Bestandteile des Knochens durch mineralische Substanzen ermöglichen. Kurz nach dem Tod des Tieres löst die mit der fortschreitenden Zersetzung der Weichteile verbundene Phosphatierung einen Prozess aus, der nur dann anhalten kann, wenn die Umwelt mitwirkt. So haben Muscheln die beste Chance, denn ihre weichen Teile werden schnell durch Sedimente ersetzt – besonders diejenigen, die wie Muscheln gähnen! - und ihre harten Teile sind bereits von Natur aus stark mineralisiert. Tiere mit einem «Exoskelett» (eine äußere Hartstruktur die von einigen wirbellosen Tieren abgesondert wird) oder eine Muschel wie Trilobiten, devonischer Panzerfisch oder Krustentiere teilen mit den Schalentieren die optimalen Bedingungen, um eine Spur zu hinterlassen. Entweder durch Abdruck auf Sedimentschichten oder durch Versteinerung, da sich ihre Struktur dazu eignet. Ein dreidimensionales Fossil ist normalerweise ein Stein in der Form des Organismus, den es im Laufe der Zeit ersetzt hat. Bei diesem Wettbewerb sind es immer die gleichen, die die ersten Preise gewinnen und die man beim Gehen in einer Böschung am Straßenrand wiederfindet. Aufgrund ihrer Natur und dem Schlamm, der sie begrub, sind Muscheln reichlich vorhanden. Weit dahinter folgen Zähne, zum Beispiel die Squale, die Arthropoden mit einer Kutikula, die Fische unter ihrem Leichentuch aus Sedimenten, die Knochen von großen Tieren. Jedoch Maulwürfe, unmittelbar von Mikroorganismen zerlegt, haben kaum eine Chance, das Museum zu kennen, genauso wenig wie die Bewohner der Wälder, es sei denn, sie wären ertrunken oder von einer vulkanischen Asche begraben.

Die Fossilisation folgt solchen zufälligen Kriterien, dass man an das Wort «Voreingenommenheit» denkt. Das Bild, das sie uns aus der Vergangenheit zurücksendet, ist um so irreführender, als wir diese seltenen Bilder, die es uns übermittelt, für einen großen Film halten. Ein persönliches Beispiel veranschaulicht diesen willkürlichen Aspekt. Ich sah eines Tages eine große Platte aus grauem Sediment, von einer Art von Schilf schräg blockiert. Auf der einen Seite dieses Stängels, einige Zentimeter dick, befand sich eine Schar kleiner Ammoniten, während die andere Seite leer war....Ein einziges Schilf hatte genügt, um aus einer Ammonitenablagerung eine sterile Schicht ohne Interesse zu machen.

Wenn wir die Millarden und Millarden von Wesen berücksichtigen, die uns vorangegangen sind, nur sehr wenige haben bis uns fortbestanden, wenn auch nur eine Spur. Aber es genügt nicht, dass sich Tierreste angesammelt haben wenn die Bedingungen günstig waren, sie müssen uns auch noch zugänglich sein. Die Verteilung der Funde ist eng mit den geografischen Daten verbunden. Die Antarktis oder der Meeresboden können Schätze beherbergen, Ausgrabungen sind fast unmöglich. Zum Beispiel sind Landoberflächen, Wüstengebiete nicht unbedingt für die Forschung günstig oder leicht zugänglich. Man muss auch mit den politischen Regimes rechnen, deren Suche nach Austern aus der Kreidezeit nicht die Priorität ist, und, um die Wahrheit zu sagen, sie ist es nicht oft. Als im 20. Jahrhundert Ausgrabungen in der Mongolei durchgeführt wurden, waren die Ergebnisse sehr lohnend.

Von denen, die überlebt haben, werden die meisten Fossilien für immer ignoriert werden, weil sie zu tief unter den neueren Schichten liegen. Selbst wenn vielversprechende Schichten am Hang erscheinen, kostet die Ausbeutung zu viel für unsere ertragsorientierten Kulturen. Rein wissenschaftliche Projekte sind extrem selten. Die einzige Möglichkeit zu suchen wäre, eine einbringende Geschäftsmöglichkeit zu bieten. Öl-und Bergbauforschung ist natürlich der einzige Grund, Kapital in die Prospektion zu investieren, aber das Interesse konzentriert sich dann auf Mikroorganismen, und der Inhalt von Bohrkernen wird in dieser Richtung analysiert. Die chemischen Prozesse, die sie induzieren, sind in der Tat aufschlussreich was die Bodenschätze bieten könnten.

Die gigantischen öffentlichen Baustellen wären eine Chance für den Zugang zu neuen Ausgrabungsstätten. Im 19. Jahrhundert hatten die Gipssteinbrüche von Montmartre (Paris) Cuvier eine Fauna beschert, deren Studium für die Zukunft der Paläontologie entscheidend war, und der Bau von Eisenbahnlinien erlaubte unter anderem, viele Säugetiere aus dem tertiären Zeitalter in einem Katalog zu erfassen und Museumsfenster zu versehen. Heutzutage verhindert die Verwendung von riesigen Bohrmaschinen für den Kanaltunnel oder große Bulldozern zum Graben des kleinsten Parkplatzes umso mehr die Sicherung möglicher Fossilien, da ihr Zugang den Amateuren streng verboten sind. Es gibt nicht nur wenige oder gar keine Programmwissenschaftliche Forschung, sondern es bleibt niemandem die Möglichkeit den geringsten Oberarmknochen von Palaeotherium vor unheilbarer Zerstörung zu bewahren. Glücklicher Cuvier!

Wenn vorhandene Fossilien eine Quelle zuverlässiger Informationen sind, führt ihre Auswertung, dort wie anderswo zu den verschiedensten Arten von Fehlern. Die ungeschickte oder unvollständige Freisetzung eines Knochens zum Beispiel führt zu falschen Schlüssen, wie im Falle von *Homo habilis* OH8. So ist ein großes und berühmtes amerikanische Haus nicht geschützt gegen die Kommerzialisierung eines unzuverlässigen Abdruckes.

Es kann passieren, dass gewisse Knochen falsch identifiziert werden. Wenn Ron Clarke nicht zufälligerweise in einem Karton voller verschiedensten Knochen ein Bruchstück eines Schienbeins von einem Australopithecus entdeckt hätte, wäre der Wissenschaft eine Kapitalentdeckung entgangen. Eine Entdeckung um so wichtiger, weil Skelette, die man in Verbindung findet, extrem selten sind. StW 573 ist ein außergewöhnliches Dokument welches erstmals eine schlüssige Sichtweise ermöglicht. Sehr oft ist es leicht sich zu irren in dem Zusammenfügen der verschieden Teile des Puzzle. Selbst das von Lucy lässt Zweifel aufkommen, denn die Knochen waren über eine ziemlich große Fläche verstreut, so dass ihre Zugehörigkeit zu einem einzelnen Individuum keine Gewissenheit war. Aber der Schädel von Chalicotherium, aus der westlichen Tertiärzeit ähnelte dem eines Pferdes, genauso wie der allgemeine Umriss aber seine Hände und Füße waren mit starken Krallen ausgestattet, so ungleich zum Rest, dass bei den ersten Entdeckungen in Sansan (Gers), man den Schädel als «Perissodactyl» eingestuft hatte und die Krallen als die eines «Raubtiers.» Erst die Exhumierung eines kompletten Skeletts zwang die Forscher zuzugeben, dass ein Huftier Krallen und nicht Hufe besitzen konnte. Also wenn wir obendrein die Knochen welche auf einer breiten Fläche verstreut sind einem selben Wesen zuschreiben nur weil sie eine ähnliche Patina haben, ist Skepsis erlaubt.

Bevor sie durch die Genetik und die molekulare Anthropologie entthront wurden, wurden die Zähne mehrere Jahrzehnte lang als Schlüssel für eine phyletische Rekonstitution betrachtet. Diese Kategorie von Organen bewahrt sich gut und kann der einzige Überrest eines Organismus sein, aber wir müssen davon absehen, Schlüsse zu ziehen: zu oft wurden unbestreitbare zweibeinige Primaten bestätigt, die nur durch zwei oder drei Zähne idenfiziert waren und von denen absolut nichts über die Art ihrer Fortbewegung bekannt war, zumal die Primaten mehrere anwenden. Seitdem sind die Zähne ein wenig aus der Mode.

Mit der Zeit sortiert die Erde die Abfälle des Lebens, zerstört sie, recyclet sie und behählt einige in Erinnerung. Aber im Allgemeinen sind es die widerstandfähigsten Organismen gegen Zersetzung welche einen Beginn der Mineralisierung aufweisen. Je älter das Zeitalter, um so mehr scheint es von Kreaturen bevölkert zu sein, die ursprünglich erscheinen, während ihre starke Spezialisierung in der Tat eine sehr lange vergangene Entwicklung beweist. Sicherlich haben Pterichthys oder Coccusteus, Fische des Devon Zeitalters, viel länger gebraucht, um ihre Rüstung zu schmieden und ihre Entwicklung, zwar anders, ist viel ausgefeilter als unsere. Zeitgenössische Tiere der vorigen, Eurypteriden, eine Art von Riesen-Skorpione die 2 Meter überschreiten konnten, waren schwer bewaffnet : Frontschild, Hautschilder, Stacheln und robuste Zangen setzten eine endlose Reihe von Raubtieren voraus. Vermutlich ist das Verschwinden dieser Tiere eher auf den Verlust adaptativer Fähigkeiten als auf ihren sogenannten Archaismus zurückzuführen.

Die Paläontologie würde über viel mehr Einblick in die Lebensformen die uns vorangegangen sind besitzen, wenn sie besser bereit wäre, Entdeckungen objektiv zu begrüßen und sie ohne Vorurteile zu untersuchen. Da wir entschieden hatten, dass Menschen während der Vorgeschichte nicht zur See fahren konnten, hat die amerikanische Archäologie jahrzente lang wegen dieser grundlosen Behauptung gelitten. Es gibt eine Reihe von Orten auf der ganzen Welt deren Entdeckungen, die nicht der gängigen Meinungen entsprachen, willkürlich oder als Betrug zurückgewiesen wurden oder einer Zeit zugeschrieben, die unseren Überzeugungen mehr entsprach. Die Lektüre des Buches von Michael A. Cremo und Richard L. Thompson, *die geheime Geschichte der menschlichen Spezies* (Rocher Verlag), ist in dieser Hinsicht sehr lehrreich.

Die Unzulänglichkeit der Anzahl an Fossilien erschwert außerdem die Errichtung des Stammbaums der Tierwelt. Die Genealogie der verschiedenen Gattungen ist mit so vielen gepunkten Linien durchzetzt, dass man manchmal den Eindruck hat, dass niemand von niemandem abstammt. Zum Glück sorgen sich die Beuteltiere nicht um ihre Herkunft, weil die Unbestimmtheit vorherrscht, wie bei Geparden und Seelöwen. Manchmal erinnern uns einige Entdeckungen bez. der Tierwelt an die Bescheidenheit unseres Wissens. Ein vollständiges Skelett von *Eudibamus cursoris*, das in Deutschland in einer Schicht des unteren Perm gefunden wurde, hat gezeigt, dass dieses kleine Reptil, 290 Millionen Jahren alt, bereits eine Zweibeinige Fortbewegung anwandte. Als Zehengänger lief es mit großer Leichtigkeit und Geschwindigkeit, und das, 60 Millionen Jahre vor den Dinosauriern des Typen Archosaurier, von denen man annahm, dass sie die Ersten waren. In der Provinz Liaoning, China, fand man eine Reihe von voll gefiederten Dinosauriern, aber auch ein sehr seltenes und vollständiges Skelett eines Säugetier aus der Jura-Kreidezeit (150 Millionen Jahre).

Aus diesen kurzen Kommentaren sur Fossilisierung, ihren Möglichkeiten und Einschränkungen geht hervor, dass die Fähigkeit zur Mineralisierung ein Schlüsselfaktor für die Aufbewahrung ist. Die Organismen welche über diese Mineralisierung verfügten, repräsentieren nur einen kleinen Teil der Biotope, wir haben nur eine trügerische Vorstellung von ihnen. Sogar Wassertiere, wenig spezialisiert, werden kaum eine Chance haben, in der Nachwelt zu gehen, da sie nicht über die günstigen chemischen Elemente verfügen. Deshalb stoßen die Nachstellungen von «Phylums» (Zweigen) an den Mangel an Starts.

Wenn wir viele Schädel desselben Zweiges zeitlich gestaffelt hätten, wäre es möglich, die Fazies unterhalb des ersten bekannten wiederherzustellen. Es wäre ausreichend, spezifische Maßnahmen zu identifizieren und als Modell darzustellen, wie sich die Reihenfolge entwickelt hat. Es ist auffallend zu sehen, dass die «Ceratopsians» (Vierbein-Dinosaurier der Kreidezeit) immer größere Schädel mit Knochengerüst und immer massiver werdenden Auswüchsen bekamen. Ein ähnlicher Prozess und noch viel ausgeprägter war bei den «Brontotheridae» (Tiere aus dem Tertiär Zeitalter) festzustellen; Also welche Formen gingen diesen voraus? Ein ständiger Mangel an Dokumenten betrifft auch die Nachkommenschaften der Säugetiere, die eng oder entfernt mit der menschlichen Entstehung in Verbindung stehen. Die Schnauzen gehen nicht zurück, sie wachsen im Laufe der Entwicklung, daher die faszinierende Frage: Wie waren ursprünglich die Gesichter der Pferden oder Elefanten? Wie weit könnte solche Konvergenz führen?

Und der Protomominoide? Es scheint erstaunlich, dass keine Fossilien entdeckt wurden, genauso wenig wie Vorfahren von Schimpansen. Wenn er wie ein Hummer ausgesehen hätte, wäre das Problem wahrscheinlich schneller gelöst, aber wir sollten nicht verzweifeln. Haben wir an den richtigen Stellen gesucht? Alte staubige Kisten mit gebrochenen Knochen wiedereröffnet? Nein? Und wir fragen uns, warum wir ihn nicht gefunden haben!

Kapitel 10

Schlussfolgerung

Als ich mich mit dem Studium der Füße und der Fortbewegung der Australopithecinen beschäftigt habe, habe ich versucht sie in Bezug der menschlichen Nachkommenschaft einzuordnen. Ich hätte mir damals nie die gewaltigen Folgen vorstellen können, die dazu führen würden, alle Theorien über den Ursprung des Menschen in Frage zu stellen. Ich lag bequem auf der gemütlichen Matratze der üblichen herrschenden Ideen, obwohl ich in meinem Inneren eine gewisse Ratlosigkeit behielt. Der Rückgriff auf die konkreteste anatomische Untersuchung hat mich mit objektiven Realitäten konfrontiert: Nein, der Mensch kann nicht von einem Primaten wie die großen Menschenaffen oder gar von einem Australopithecus abstammen. Die ursprüngliche Zweibeinigkeit (Bipedie) seiner Nachkommenschaft ist eine Tatsache. Von diesem Zweibeinigen Primaten wurden die Äste, die zu Menschenaffen, Australopithecinen und Menschen führten abgetrennt. Jeder Zweig hat sich in verschiedene Richtungen der Spezialisierung orientiert: Schwinghangeln, Aufhängung und strenge Zweibeinigkeit auf dem Boden.

Das Bewusstsein über die Bedeutung dieser Feststellung löst eine Kettenreaktion aus die die Grundlagen unserer Gewissheiten erschüttern. Aber das Hemmnis einer drastischen Infragestellung, mehr als die Abwesenheit an Fossilien bildet eine psychologische Schranke. Das mangelnde

Vertrauen in unser eigenes Urteil treibt uns dazu, die herrschenden Theorien ohne zu zögern anzunehmen. Die Angst vor dem Unbekannten oder in eine Sackgasse zu geraten, hält uns davon ab, allgemein angenommene Meinungen in Frage zu stellen. Um voranzukommen, muß man Risiken eingehen und aufräumen bezüglich dem vermeintlichen Wissen und nicht unbeantwortete Fragen fürchten oder unbefriedigende Antworten was uns Mensch betrifft. Einen Fehler zu zerstören bedeutet, einen Schritt in Richtung Wahrheit zu gehen.

Am Ursprung des Menschen sowie auch an anderer Primaten zu rütteln führt zu einer neuen Überlegung bezüglich der Wirbeltieren. Wenn, wie ich zeige, der Mensch keinen Affen als Vater haben kann, erscheint ein reptilartiger Großvater unwahrscheinlich. Nichts in der menschlichen Anatomie deutet auf solche Vergangenheit hin. All das Wissen um die Perioden vor dem Mensch sind völlig auf den Kopf gestellt, da sowohl die Verkettung der Ideen wie auch die Rückschlüsse wie ein Kartenhaus zusammenbrechen. Fische aus dem Primärzeitalter als einfache Strukturen zu betrachten und sie somit in den Anfang von phylogenetischen Abstammungslinien einzureihen, sind falsche Voraussetzungen. Die Ultraspezialisierung dieser Tiere widerspiegelt tatsächlich ihre Altersstufe und folglich ihre Unmöglichkeit, beispielsweise Säugetiere erzeugt zu haben.

Wie immer man auch die Arten betrachtet, ein Tier kann nur von weniger spezialisierten Vorfahren abstammen die von einem noch einfacheren und noch weniger spezialisier-

ten Tier stammen. Dieses primitive Wesen musste mit starken evolutionären Möglichkeiten ausgestattet sein um eine sehr vielfältige Nachkommenschaft zu hinterlassen. Aber seine Fähigkeit zur Fossilierung musste schwach sein, da er bis heute keine Spuren hinterlassen hat.

Wenn es nun aber so viele hochspezialisierte Arten wie gepanzerte Fische oder Rieseninsekten im Erdaltertum (Paläozoikum) gab, bedurfte es sehr lange Zeiträume früherer Evolution, was dazu führt, die Geschichte der Wirbeltiere oder Arthropoden noch weiter geschichtlich zurückzusetzen. Die ausgedehnten Erdflächen des Präkambriums mussten sehr viele Arten beherbergen die völlig ausgestorben sind aber trotzdem den Ursprung der Spezies bilden die uns so primitiv erscheinen. War unter ihnen schon ein kleines vertikales Wesen? Wie dem auch sei, für mich ist es sinnvoll mir solch ein Wesen aufwärts der verschiedenen Nachkommenschaften vorzustellen. Die Antike ihrer Trennung verdeckt die grundlegende Einheit ihrer Struktur. *Der allgemeine Organisationsplan aller Wirbeltiere musste bereits in ihren ältesten Vorfahren vorhanden gewesen sein.* Einige ihrer Erben wählten den vierfüßigen Gang. Andere, die zukünftigen Vögel blieben zweibeinig, aber für die meisten mit einer fortgeschrittenen Spezialisierung zum Flug. Der Protohominoid hat seine ursprüngliche Vertikalität an seine menschlichen Nachkommen weitergegeben. Was auch immer man denkt, diese vertikale Position bot nicht genügend Vorteile um sich nach den klassischen Kriterien der natürlichen Auslese durchzusetzen. Werden wir jemals wissen, warum die Zweibeinigkeit des Menschen bewahrt wurde?

Literaturverzeichnis

M.M. ABITBOL, 1995, «Lateral view of Australopithecus afarens, primitive aspects of bipedal positional behaviouearliesthominids», Journal of Human Evolution, 1995, 28, S. 211-229

R. BARONE, 1972, L'Evolution biologique ou l'anti-chaos, Editions Universitaires de J. Piveteau et P.-E Duroux, «pied et hominisation», S. 143-152

G. BERILLON, A-M Bacon, F. Marchal, Y. Deloison, die Australopithecinen, Editions Artcom 1999

D.S. BERMAN, R.R. Reiz, D. Scott, AM Henrici, S.S. Sumida, T. Martens, «Early Permian Bipedal Reptile», Science, vol. 290, 3 nov. 2000, S. 969-972

R.J.CLARKE, «Discovery of complete arm and hand of the 3,3 million-year old Australopithecus skeleton from Sterkfontein», South African Journal of Science, 95, November Dezember 1999, S. 477-480

- «Neue Arten von Fossilien», La Recherche, September 2001, S. 29-33

RJ. CLARKE, P.V. TOBIAS, «Sterkfontein Member 2 foot Bones of the oldest South African Hominid», Science, 269, 28 Juli 1995, S. 521-524

RS. CORRUCINI, H.M. McHENRY, «knuckle-walking hominid ancestors», Journal of Human Evolution, 2001, 40, p. 507-511

A.DELMAS, «L'acquisition de la station érigée», in Les processus de l'hominisation, Editions CNRS, 1958, p. 9-30.

- Et aussi Biométrie humaine et Anthropologie, 1999, 17, N° 1-2, p. 19-27

Y. DELOISON, Etudes des restes fossiles des pieds des premiers hominidés: Australopithecus et Homo habilis. Essai d'interprétation de leur mode de locomotion, thèse de doctorat d'Etat ès sciences naturelles, univ. René D Descartes, Paris V, 1993.

«L'homme ne descend pas d'un primate arboricole. Une évidence méconnue». Biométrie humaine et Anthropologie, 1999, 17, p.. 147-150

S. FRECHKOP, Notes sur les mammifères. XXIII. «N'y a-t-il que deux phalanges dans le pouce et le gros orteil des primates?», Bull. Du Musée royal d'Hist. Nat. de Belgique, tome XIII, 1937, n° 40, p. 1-21.

M. GAUDANT, J. GAUDANT, 1971, Les Théories classiques de l'Evolution, Ed. Dunod, 238 pages.

P.P. GRASSE, Traité de zoologie. Anatomie, Systématique, Biologie, publié sous la direction de Pierre-P. Grassé, tome XVI, mammifères, téguments et squelette, Masson et Cie Ed., 1967, 1163 pages.

J.-L. Heim, de l'animal à l'Homme, Ed. Du Rocher, 1988, 127 pages.

Q.JI, Z.-X. Luo, C.-X. YUAN, J.-R. WIBLE, J.-P. ZHANG, & J.A. GEORGI, « the earliest known eutherian mammal », Nature, vol. 416, 25 avril 2002, p. 816-822.

J.T. LAITMAN, «l'origine du langage articulé», la recherche, n° 181, oct. 1986, p. 1164-1173

R. LEAKEY, R. LEWIN, Les Origines de l'homme, Ed. Flammarion, 198(, 285 pages.

R. LEWIN, «La naissance de l'anthropologie moléculaire», La recherche, oct. 1991, vol. 22, p. 1242-1251.

J. PIVETEAU, Traité de Paléontologie, Tome V, «La sortie des eaux», 1955.

F. de SARRE, «The theory of Initial Bipedalism. On the question of human origins», Rivista di Biologia Forum, 87 (2/3) 1994, p. 237-258.

A.H. SCHULTZ, 1972, Les primates, Ed. Rencontre, Lausanne, 1972

F. SPOOR, S. BAJPAI, S.T. HUSSAIN, K. KUMAR, J.G.M. THEWISSEN, vestibular evidence for the evolution of aquatic behaviour in the early cetaceans», Nature, vol. 417, 9 may 202, p. 163-165

J.T. STEM, «Climbing to the top: A Personal Memoir of Australopithecus afarensis», Evolutionary Anthropology, vol. 9, issue 3, 2000, p. 113-133.

J.T. STEM Jr, R. SUSMAN, «the locomotor anatomy of Australopithecus afarensis», Am. J. Phys. Anthropol. 1983, 60, p. 279-317.

S. TAVARE, C.R MARSHALL, O. WILL, C.SOLIGO, RD. MARTIN, «using the fossil record to estimate the age of the last commun ancestor of extant primates, Nature, vol. 416, 18 avril 2002, p. 726-729.

P.V. TOBIAS, Water & Human Evolution, April 30 th 1999, University Gent, Flanders, Belgium.

M.WESTENHÖFER, Considérations d'anatomie comparée sur la formation du talon et de la cheville chez les vertébrés terrestres, en particulier relation avec l'homme, traduction François de Sarre, 1926, Berlin.

RX. ZHU, K. A. HOFFMAN, R.POTTS, C.L. DENG, Y.X. PAN, B. GUO, C.D. SHI, Z.T. GUO, B.Y. YUAN, Y.M. HOU & W.W. HUANG, «earliest presence of humans in northeast Asia », Nature, vol. 413, 27 sept. 2001, p. 413-417.

Index der zitierten Autoren

Danksagung

Ein herzliches Dankeschön an Jean BENICHOU und Marc LIBOTTE, die mir die Ehre erwiesen haben, ein Vorwort zu ihrem Buch zu schreiben und somit mein Treffen bei Odile Jacob mit Catherine MEYER zu ermöglichen. Letzterer danke ich auch vielmals, dass sie mir vorgeschlagen hat, dieses Buch über meine Erforschung der Ursprünge der menschlichen Bipedie bzw. Zweibeinigkeit zu schreiben.

Ich danke Thérèse de SAINT-PHALLE, meiner Verlegerin recht herzlich für das mir entgegengebrachte Vertrauen, die Sorgfalt und Freundlichkeit die sie mir während der Ausführung dieses Buches gezeigt hat. Möge sie meiner Freundschaft versichert sein.

Jean-Louis HEIM hat mir Thérèse de SAINT-PHALLE vorgestellt. Auch ihm vielen Dank.
Mein Dank gilt auch:

- Professor Philip TOBIAS, der mich in seinem Labor willkommen hieß und Zugang zu den fossilen Knochen Südafrikas erlaubte sowie seiner menschlichen Wärme mit der er mir immer entgegenkam.
- Dr. Ron J. CLARKE, der mir großzügig die Fußabdrücke von Laetoli zur Verfügung stellte und mir die Erlaubnis gab, die Knochen von StW 573 zu studieren. Das Wissen, das ich gewann, war von beträchtlicher Wichtigkeit in der Entwicklung meiner Hypothese; dass er und seine Frau Kathy KUMAN-CLARKE von meiner tiefgründigen Freundschaft überzeugt sein

können.

- François de SARRE, der mir wichtige bibliographische Dokumente zur Verfügung gestellt hat.
- Vilem BISCHOF, der mir jedes Mal, wenn ich es brauchte, sein Wissen über die Primatologie vermittelte.
- Meiner Tochter Solange DELOISON, die sich immer Zeit nahm um meinen Stil mit viel Geduld zu korrigieren. Sie weiß, dass sie mit meiner unerschütterlichen Zärtlichkeit zählen kann.
- Ich danke auch meiner Familie, die mich immer unterstützt hat, sowie meinen Kollegen, die mir mit ihrem technischen Wissen geholfen haben, insbesondere Danièle FOUCHIER, Agnès GUILLAUMONT, Marie-France LEROY und Monique TERSIS.

Inhaltsverzeichnis